아메데 오장팡 Amédée Ozenfant에게 헌정함

건축을 향하여

Vers une Architecture by LE CORBUSIER
Copyright © La Foundation Le Corbusier, Paris
Korean Translation Copyright © Dongnyok Publishers, 2002
All rights reserved.

Korean edition is Published by arrangement with Fondation Le Corbusier(Paris)
through Bestun Korea Agency Co., Seoul.

이 책의 한국어판 저작권은 베스툰코리아에이전시를 통해 저작권자와의 독점 계약으로 도서출판 동녘에 있습니다. 저작권법에 의해 한국내에서 보호를 받는 저작물이므로 무단전재와 복제를 금합니다.

건축을 향하여 대한민국학술원 선정 우수학술도서

초판 1쇄 펴낸날　2007년 6월 5일
초판 18쇄 펴낸날　2024년 12월 10일

지은이 르 코르뷔지에　　편집 이정신 이지원 김혜윤 홍주은
옮긴이 이관석　　　　　　디자인 김태호
펴낸이 이건복　　　　　　마케팅 임세현
펴낸곳 도서출판 동녘　　　관리 서숙희 이주원

인쇄·제본 영신사　라미네이팅 북웨어　종이 한서지업사

등록 제311-1980-01호 1980년 3월 25일
주소 (10881) 경기도 파주시 회동길 77-26
전화 영업 031-955-3000 편집 031-955-3005 팩스 031-955-3009
홈페이지 www.dongnyok.com 전자우편 editor@dongnyok.com
페이스북·인스타그램 @dongnyokpub

ISBN 978-89-7297-549-6 (03610)

- 잘못 만들어진 책은 구입처에서 바꿔 드립니다.
- 책값은 뒤표지에 쓰여 있습니다.
- 이 도서의 국립중앙도서관 출판시도서목록(CIP)은 e-CIP홈페이지(http://www.nl.go.kr/ecip)와 국가자료공동목록시스템(http://www.nl.go.kr/kolisnet)에서 이용하실 수 있습니다.
  (CIP제어번호: CIP2007002631)

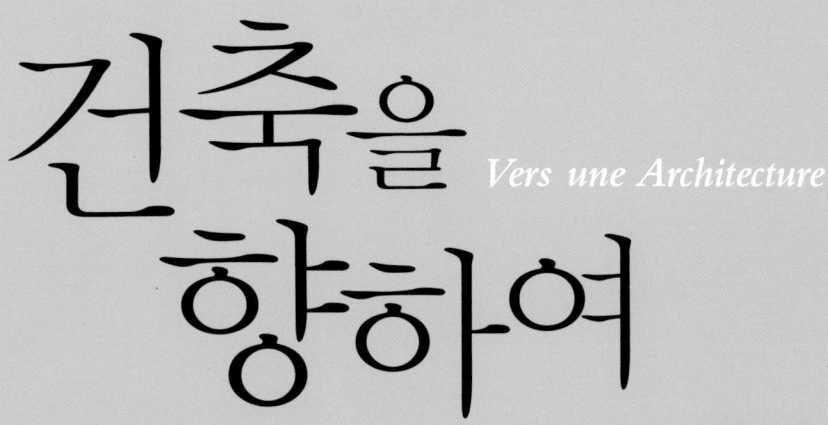

건축을 향하여
Vers une Architecture

르 코르뷔지에 지음 · 이관석 옮김

동녘

차례

2차 증보판 서문　　　7

고열 상태 – 3차 증보판에 즈음하여　　　9

개요　　　23
엔지니어의 미학과 건축　　　28
건축가가 상기해야 할 세 가지 교훈
　Ⅰ. 볼륨　　　40
　Ⅱ. 표면　　　52
　Ⅲ. 평면　　　62

조정선　　　82
보지 못하는 눈
　Ⅰ. 대형 여객선　　　100
　Ⅱ. 비행기　　　118
　Ⅲ. 자동차　　　140

건축
　Ⅰ. 로마의 교훈　　　158
　Ⅱ. 평면의 허상　　　180
　Ⅲ. 정신의 순수한 창조물　　　200

대량 생산 주택　　　224
건축이냐 혁명이냐　　　264

르 코르뷔지에가 샤를르 레플라트니에에게 보낸 편지　　　285

역주　　　294

옮긴이의 말　　　298

Le Corbusier

2차 증보판 서문

아직 1년도 채 지나지 않았지만, 이 책의 초판이 발간되었을 즈음에 건축의 실상에 대한 관심이 곳곳에서 생겨났다. 이전에 『에스프리 누보 l'Esprit Nouveau』[역주1]에 실렸던 각 장의 핵심 내용이 이와 같은 갑작스러운 상황을 불러일으킨 것이다. 많은 사람들이 건축을 이야기했고, 건축에 대해 말하기를 좋아했으며, 또 말할 수 있기를 바랬다. 그것은 격렬한 사회운동의 결과였다. 그것은 18세기, 건축에 대한 대중의 관심이 높아지자 자본가들이 건축을 그렸고, 블롱델Blondel과 클로드 페로Claude Perrault 같은 고위 공직자들이 생 드니 문la Porte Saint-Denis과 루브르 궁의 열주列柱를 그렸던 것과 유사한 상황이었다.[역주2] 당시 프랑스는 이러한 사조를 반영하는 건축 작품으로 온통 뒤덮였다.

　이 책이 전문가들뿐만 아니라 대중에게까지 반향을 불러일으킨 방식은 건축에서 한 순환 주기가 도래했음을 확인시켜 준다. 대중은 건축 아틀리에가 당면한 여러 가지 문제점에는 무관심한 채 다른 것을 통해(자동차 여행이나 대양횡단 여행 등) 이미 예견된 안락함을 가져다줄 새로운 건축에 대한 생각에만, 특히 새로운 감각을 만족시키는 데에만 몰두하였다. 이 새로운 감각은 어디에서 왔으며, 과연 무엇일까? 그것은 저 깊은 곳에서 발아發芽한 다음에 개화開花된 건축적 시대의식이다. 아직 개척되지 않은 영적인 땅인 새로운 시대는 **자신의 집**을 건립할 필요성을 느꼈다. **이 집은 우리를 에워싸 적대적인 자연 현상과 떼어놓고, 우리에게 인간적 환경을 제공하면서 인간적 경계가 되는 집이어야 한다.** 이런 집에 대한 욕구는 본능을 충족시키고 자연 기능을 실현시키려는 필요성에서 비롯된다. 건축술에는 전문가의 기술적인 일만 있는 것이 아니기 때문이다. 이것은 독특한 전환점에 해당하는 것이고, 어떤 방법으로 집이 현 실태를 정리해 나가는지를 보여 주는 보편적인 사고의 추진 운동이다.

　이와 같이 건축은 시대를 반영하는 거울이다.

　오늘날 건축은 주택 문제, 즉 보통 사람들을 위한 일상적이고 평범한 주택에만 몰두하고, 궁전이나 대규모 관저 같은 호화로운 건물에는 더 이상 관심을 갖지 않는다. 바로 이것이 시대적 특징을 말해 주는 징후다.

'아무나'라고 할 수 있을 정도로 평범한 사람을 위한 주택을 연구하는 것은 인간적 기반, 인간적 척도, 필요형型, 기능형, 감동형 등을 되찾는 것이다. 그렇다. 그것이 중요하고, 그것이 전부다. 인간이 허식을 떠났음을 알리는 훌륭한 시대인 것이다!

* * *

이 책은 타출기打出器^{역주3}로 쓰여졌다. 시대정신이 죽어 가고 있는, 시대의 비위에 거슬리는 유물로 여전히 뒤덮여 있는 이 시기에 어떻게 우아한 태도로 건축에 대해, 시대정신의 반영인 건축에 대해 말할 수 있겠는가?

이러한 고민은 아주 자연스럽게 다음과 같은 행위로 이어졌다. 납작한 납판을 꿰뚫으려면, 곡괭이를 내리쳐 두꺼운 판에 구멍을 내는 것처럼 창을 내질러야 한다. 그렇게 하면 여기저기에 구멍이 생긴다. 시야가 열린 것이다! 숨 막히게 했던 납판 너머로 시야가 트인 것이다. 이처럼 시야를 트려고 구멍을 내는 것은 유용하고 효과적인 전략이다. 이 책을 쓰면서 나는 이와 같은 전략에 동조하였다.

이 책은 재판을 찍을 때쯤 되어 보완이 필요했고, 따라서 타출기로 뚫린 구멍 주위로 논지를 확대시켜야 했다. 그러나 타출기를 사용했기 때문에 문장을 고치기가 쉽지는 않았다. 재판을 찍는 일은 사실상 완전히 새로운 책을 만드는 작업이었다. 그래서 나는 초판은 그대로 두고 좌우의 양날개처럼 또 다른 책을 만들었다. 『건축을 향하여 Vers une Architecture』의 재판본을 찍으면서 동시에 같은 출판사에서 『도시계획 Urbanisme』과 『오늘날의 장식예술 l'Art décoratif d'aujourd'hui』을 발간한 것이다. 『도시계획』과 『오늘날의 장식예술』은 지난날 내가 『에스프리 누보』에서 논했던 두 가지 사고의 순환 현상을 기록하고 있다. 나는 여기서 현대적 현상이 지닌 복합적 국면들을 함께 모아 소개함으로써 명백하면서도 상반되고 설득력 있는, 박력 있고 견고한 모습으로 우리의 호감을 자아내는, 우리의 경쟁을, 우리 손과 우리 정신의 효율적인 노동을 끌어내는 초상肖像인 최신 활동을 알려 왔다.

이리 하여 작년에 홀로 출간되었던 『건축을 향하여』가 금년에는 한편으로는 건축이 자리잡고 있는 도시 건축적 현상, 다른 한편으로는 우리가 '장식예술'이라

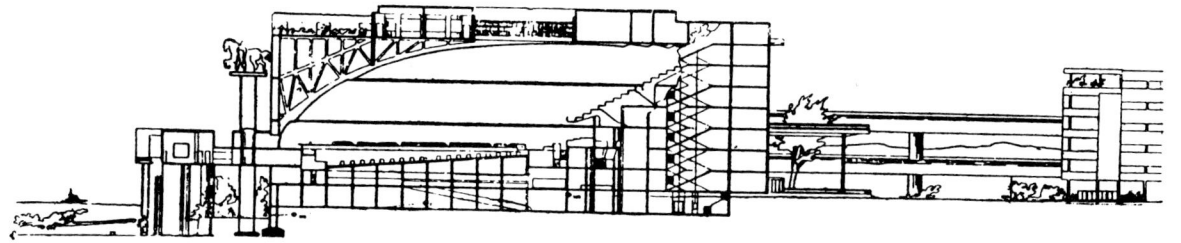

르 코르뷔지에와 피에르 잔느레, 국제연맹 청사 의사당 단면도

는 슬픈 단어로 부르기에 적합한, 우리 수중에서 모든 노력을 다해, 이제는 남성적 품위만큼이나 감각적 매력을 지닌 건축 정신의 한결같은 존재를 찾아내야만 하는 장식예술이라는 양단의 지지를 받아 자신을 길을 나아가고자 한다.

1924년 11월

고열 상태
3차 증보판에 즈음하여

1924년 2차 증보판 서문에서 나는, 모든 나라에서 "건축은 주택 문제, 즉 보통 사람들을 위한 일상적이고 평범한 주택에만 몰두하고, 궁전이나 대규모 관저 같은 호화로운 건물에는 더 이상 관심을 갖지 않는다. 바로 이것이 시대적 특징을 말해 주는 징후다"라고 썼다.

국제연맹에 모인 사람들은 새로운 정신의 기치 아래 전후戰後 세계를 조직화하려고 시도하고 있다. 제네바에서 한 유기적 조직체가 성장하여 활동하고 그 결실을 맺고 있다. 그러나 그것은 유감스럽게도 부호의 야영지 속으로 몸을 숨긴다.

1926년, 국제연맹은 **연맹 청사**를 건설하기 위한 설계 경기를 전세계에 엄숙하게 공고하였다. 훌륭하게 짜인 프로그램은 건축가들에게 정확하고 효율적으로 작업을 해내도록 요구하였다. 연맹의 지도자들이 세운 이 프로그램은 효율성과 정확성, 신속한 일처리가 보장되는 사무실을 필요로 하고 있었다. 이 프로그램을 살펴보면 우리가 정말 20세기에 살고 있음이 실감난다. 더 이상 과시적이지 않은 **사무국**을 건설하는 것이 주목적이었다. 전례에 비추어 보았을 때 역사적인 사건이다. 그러나 여기에 이상야릇한 용어가 하나 사용되고 있다. 그것은 이 프로그램의 모두冒頭에 쓰인, 오늘날에는 공공 건물의 청사라는 의미로 쓰이지만 궁전이라고도 직역될 수 있는 '**팔레Palais**'라는 단어다. 두 가지 해석을 낳는 이 단어는 무엇을 의미하는가? 과연 시대에 뒤떨어진 사고로의 회귀인가? 아니면 국제연맹이 이 낡은 단어에 새로운 의미를 불어넣고자 한 것인가?

1924년 2차 증보판 서문에서 나는, "'아무나'라고 할 수 있을 정도로 평범한 사람을 위한 주택을 연구하는 것은 인간적 기반, 인간적 척도, 필요형型, 기능형, **감동형** 등을 되찾는 것이다. 그렇다. 그것이 중요하고, 그것이 전부다. 인간이 허식을 떠났음을 알리는 훌륭한 시대인 것이다"라고 썼다.

『에스프리 누보』가 창간된 1921년역주4, 이 잡지를 채운 최초 기사들이 발표되자 당시 곳곳에 산재해 있던, 여전히 조금이나마 스콜라학파풍에 충실했던 건축은 이 같은 현대적 사건에 뿌루퉁했으며 새로운 기술이 가져올 **결과**를 우려했다. 건축은 여전히 '장식을 지니고 있었던 것이다'.

그러나 6년이 지난 1928년 1월 1일 오늘, 곳곳에서 사람들은 현대적 주택이라는 실제적 문제를 실행하는 데 몰두해 있다. 모든 나라에서 현대적 주거 프로그램, 현대적 기술 수단, 현대적 조직력을 동원해 현대인을 위한 현대적 주택을 창조하고 있는 것이다.

그러나 정말 제대로 되고 있는지는 의문이다. 과연 도구로서의 주택, '살기 위한 기계machine à habiter'의 개념이 현재 유통되고 있는 통화通貨처럼 폭넓게 받아들여지고 있는 것일까? **살기 위한 기계**를 어떻게 만들 것인가? 어제 또는 오늘처럼? 대답은 그리 확실치 않다. 위생설비가 유행한다고 해서 우리 가슴속에 들어 있는 감정이 분명하게 표현되는 것인가? 오! 전혀 그렇지 않다! 나는 우리가 여전히 감상적인 옛 의복에 지나치게 긴 천 조각을 달고 질질 끌고 다니고 있음을 확신한다. 1926년, 저명한 건축가 열네 명이 슈투트가르트Stuttgart에 건설한 바이센호프Weissenhoff 정원 도시역주5는 새로운 기술과 미적 경향을 보여 주었지만 **현대적 주택 평면**에 대한 요구가 전혀 없었기 때문에 사람들을 둘로 갈라 싸우게 했을 뿐이다. 우리는 새로운 기술을 통해 얻은 엄청난 자유를 활용하여 **새로운 평면**을 모색하였다. 한 시대가 고유의 집 평면을 지니고 있다면, 그것은 그 사회의 발전이 정착되었음을 의미한다. 그러나 우리는 아직 거기에 이르지 못했다.

한때 훌륭한 양식良識을 지닌 사람들에게 동의를 요구했고(동의를 얻기도 했다), 이 책의 내용 중에서 가히 혁명적인 논점이었던 '살기 위한 기계' 개념을 주창하기도 했던 우리는 그 후 이 기계가 **궁전**이 될 수 있음을 깨닫는 순간 너무나 신선한 이 생각을 선동하기 시작했다. 그리고 궁전이라는 용어를 통해 주택의 각 기관이 적절히 배치되어 그 안에 담긴 **의도**의 원대함과 고상함을 드러내 보이면서 이 같은 감동적인 관계를 가질 수 있음을 분명히 표명할 수 있기를 바랐다. 우리에게 이 의도는 바로 **건축**이었다. 현재 '살기 위한 기계'의 문제에 몰두해 있는 사람들은 "건축, 그것은 도움을 주는 것이다"라고 선언하였지만, 우리는 "건축, 그것은 감동을 주는 것이다"라고 대답하였다.

이로 인해 우리는 "너희가 '시인'이냐?"는 빈정거림과 멸시를 받기도 했다.

* * *

주택-궁전. 우리는 우리의 활동에서 가장 매력적인 이 최신 임무에 몰두할 수 있을 것으로 생각했다.

그런데 1926년, 국제연맹이 전세계의 건축가들을 불러 그들에게 **궁전**을 요구한 것이다.

즉각 우리는 **궁전-주택**의 개념으로 사태를 파악했다. 프로그램이 매우 구체적인 데다가 우리가 거기에 초청되었기 때문이다. 그것은 제네바에 거대한 규모의 사무국 건물을 건설하는 과업이었다.[1]

'아무나'라고 할 수 있을 정도로 평범한 사람을 위한 주택을 연구하는 것과 인간적 기반을, 인간적 척도를, 필요형型을, 기능형을, **감동형**을 되찾는 것이 서로 다른 일인가? 건축적 감동, "그것은 빛 아래에 볼륨을 숙련되고 정확하고 장엄하게 모으는 작업"이다(이 정의는 1921년 『에스프리 누보』를 통해 우리가 건축 운동에 개입했을 때 가장 중시했던 모토다).

---

1) 『에스프리 누보 선집』, 「주택-궁전, 건축적 통일성을 찾아서」, 크레 에 콩파뉴 Crès et Cie 출판사

르 코르뷔지에와 피에르 잔느레, 국제연맹 청사 사무국 건물

우리는 궁전이 '아무나'라고 할 수 있을 정도로 평범한 사람이 사용하는 데 정확하게 대응하는 기능들을 수행해 나가도록 예정되었다고 생각했다. 인간적 척도와 기능형 등을 고려한 것이다. 우리는 분석에 몰두했고, 우리가 계획했던 정원 도시, 개인 저택 및 임대 주택에 적용했던 요소들로 세밀하게 만들어진 궁전을 창조하는 즐거움을 누렸다. 어떤 **계획**을 꿈꾸면서 우리는 이 생기 있고 생산적인 기관들을 고매한 건축적 의도에 따라 정리할 방안을 모색하였다. 그것은 의도의 원

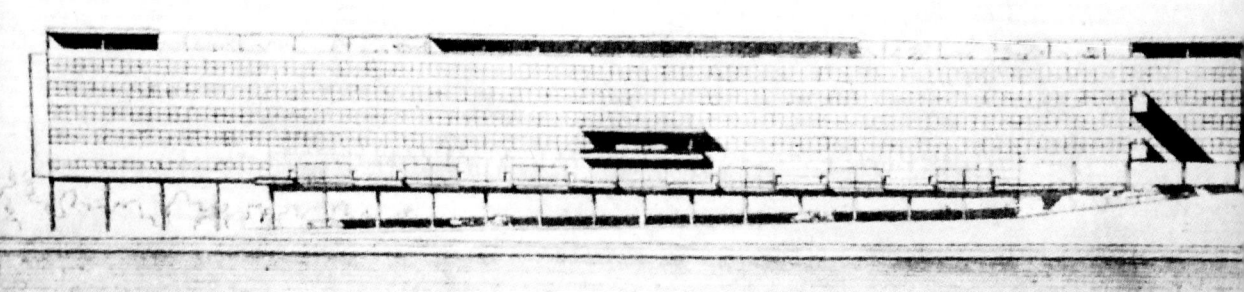

필로티pilotis 위에 얹혀 있는 사무국의 파사드 façade

르 코르뷔지에와 피에르 잔느레, 국제연맹 청사 의사당 건물의 거대한 플랫폼

대함으로 인해 사람을 감동시키는 것이었다.

이와 같이 건축적 의무에 충실하면서 우리는 제네바에 **현대적 청사** 계획안을 제출하였다.

그런데 웬 스캔들이란 말인가! 자신의 무리를 총동원한 아카데미의 독직瀆職 사건이 일어난 것이다. 그 무리는 자신들의 수구적 태도를 반영한 수십 Km에 이르는 계획안을 제네바로 보냈다. 이 세계는 정말로 우리 모두가 믿었던 만큼 전진

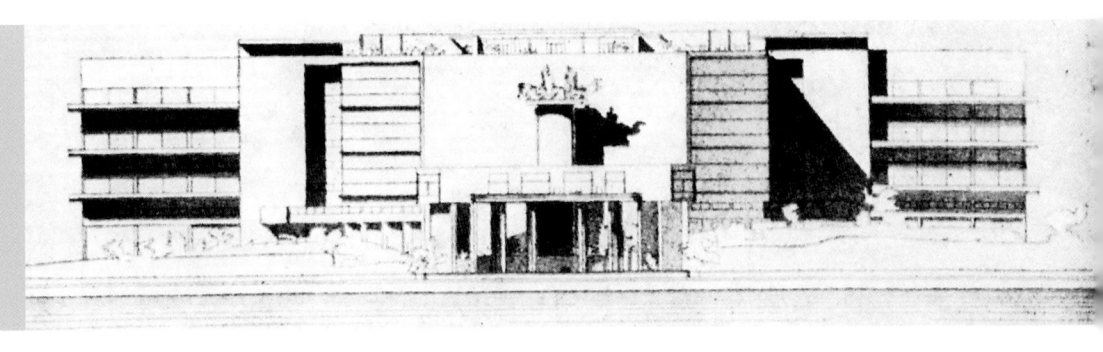

의사당 건물의 파사드

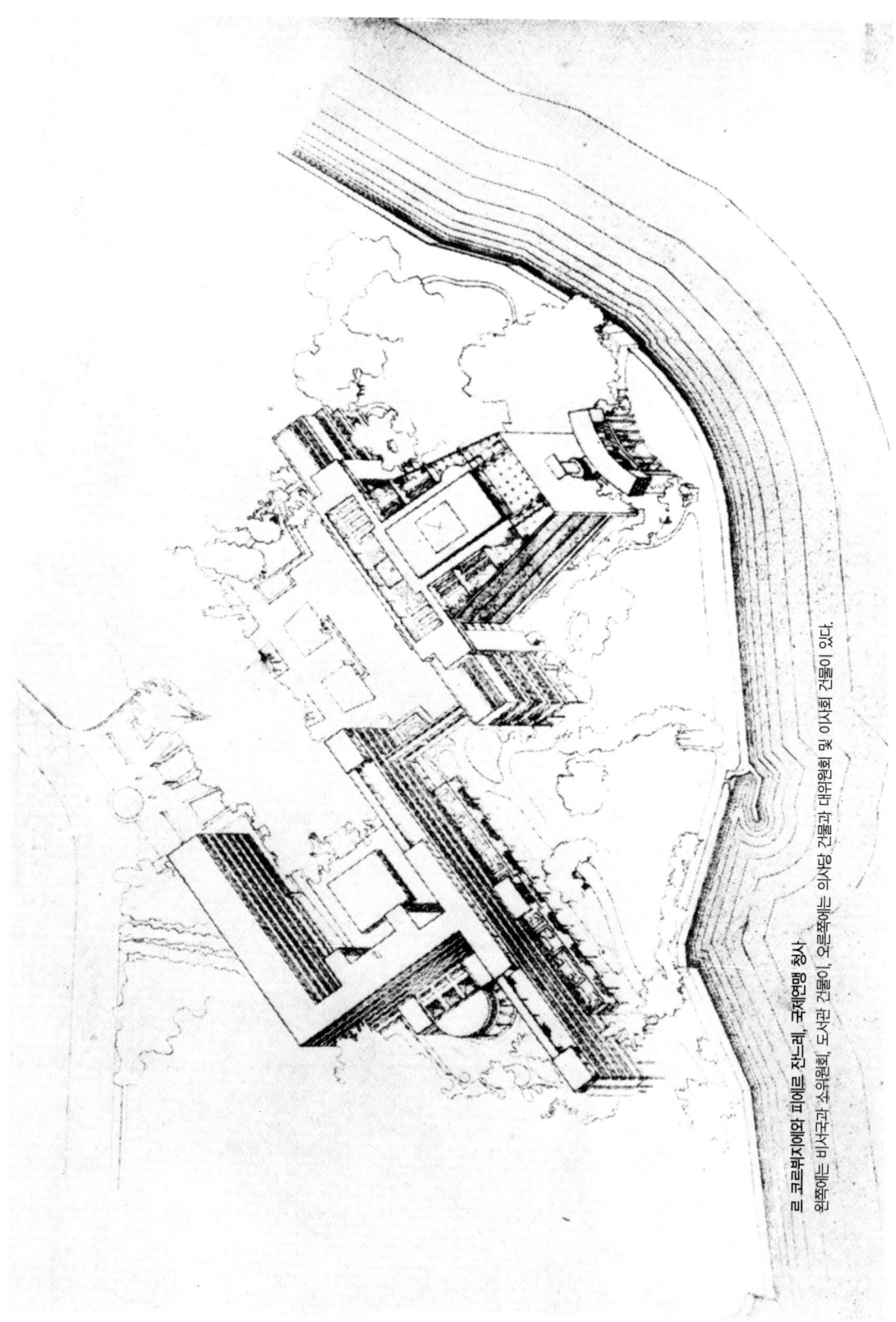

르 코르뷔지에와 피에르 잔느레, 국제연맹 청사.
왼쪽에는 비서국과 소위원회, 도서관 건물이, 오른쪽에는 의사당 건물과 대위원회 및 회의용 건물이 있다.

체배비의 국제연맹 청사 계획안(국제 건축 설계 경기 1등)
르 코르뷔지에와 피에르 잔느레 안느레 호수에서 바라본 청사

르 코르뷔지에와 피에트로 잔느레. 동쪽으로의 확장을 감안한 청안한 청사의 배치도

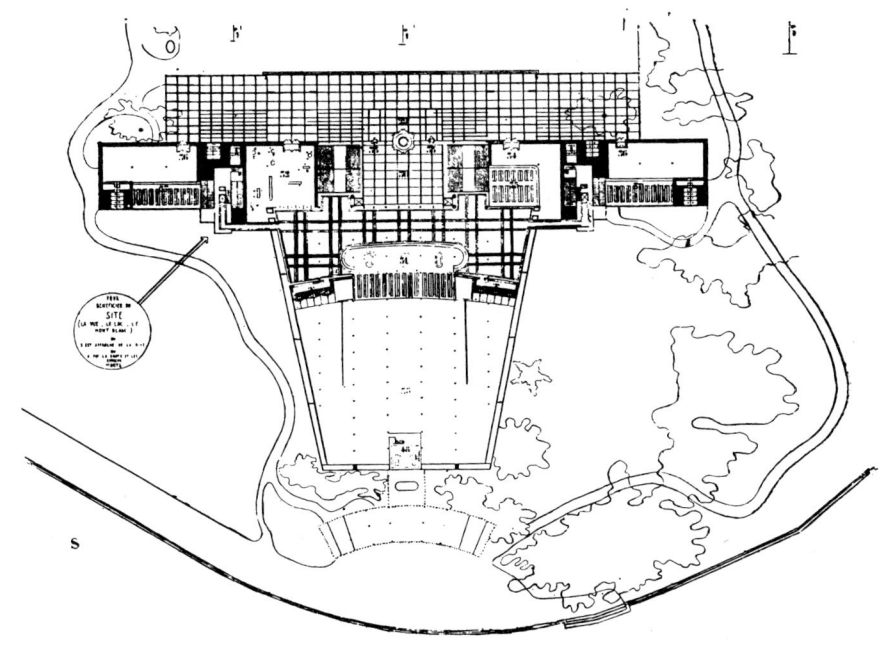

의사당
도착 플랫폼과 현관

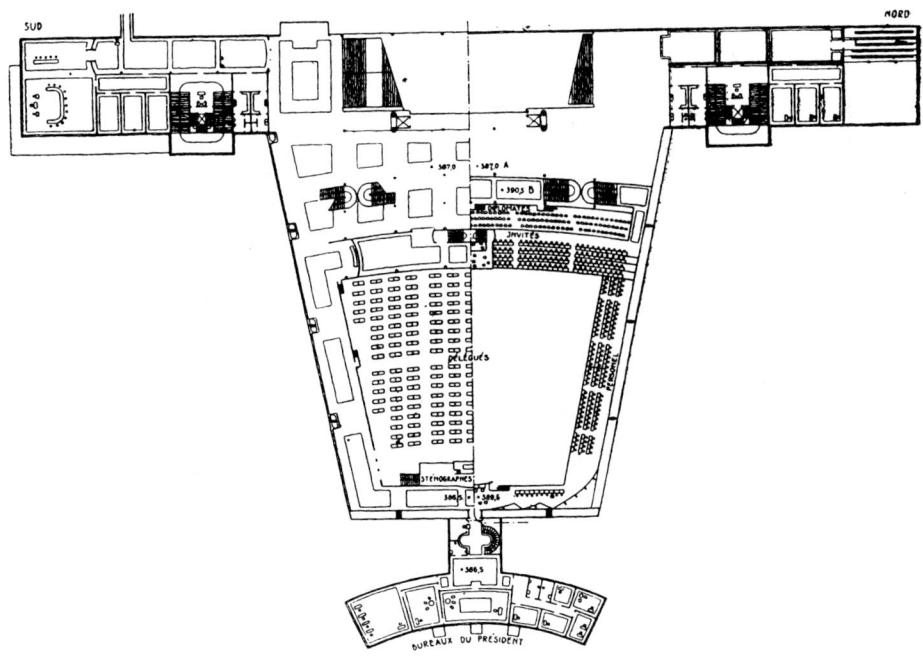

의사당
홀, 의장 별관

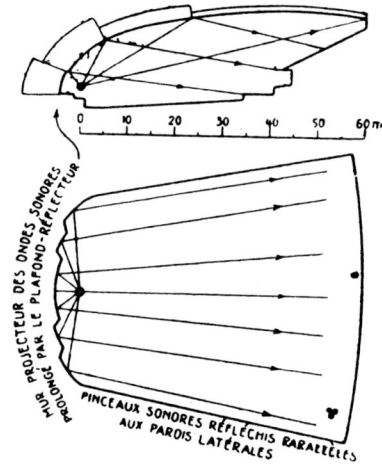

의사당의 평면과 단면은 모두 음향 설계의 결과에 따라 결정되었다.
그 결과, 음파는 증폭되어 연단에서 가장 멀리 떨어져 있는 청중의 귀에도 반사되어 들리거나 울림으로 들리지 않는다.

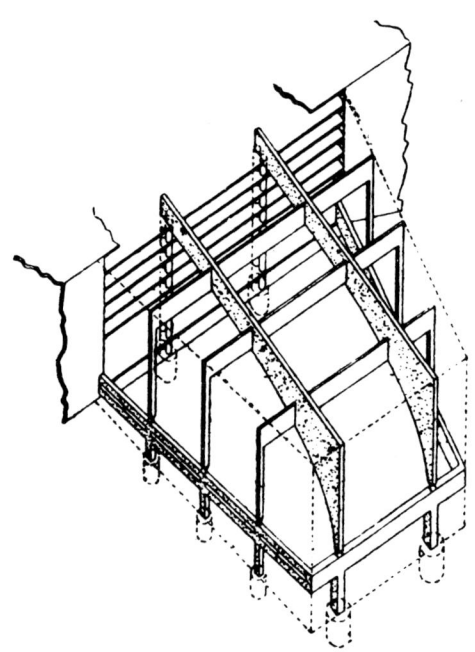

의사당의 구조는 과감하면서도 경제성을 고려했으며, 음향에 의해 강요된 형태와도 완벽한 조화를 이루며 결합된다.

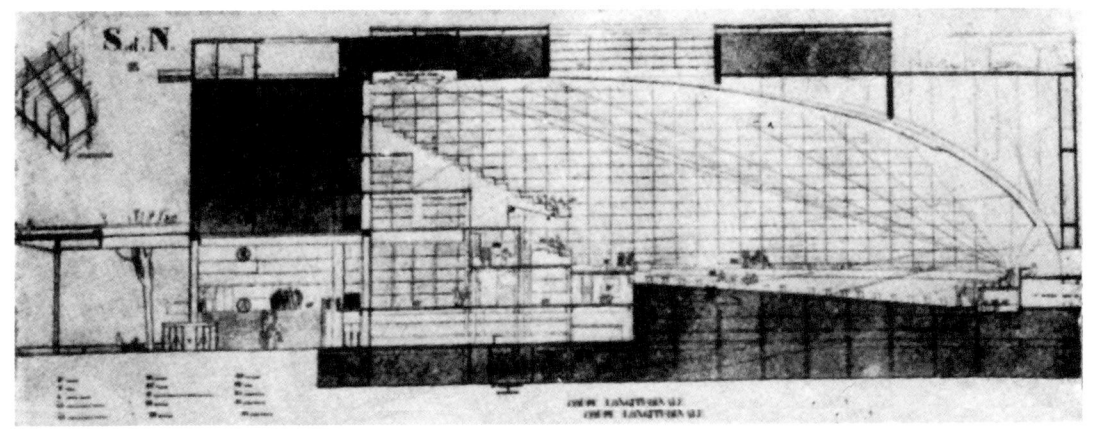

완벽한 디테일을 갖춘 의사당의 단면은 진정한 해부학적 단면이다. 모든 것이 예견되고 해결되었다. 즉흥적으로 된 것은 아무것도 없다.

하지 못했다는 의견이 개진되었다. 즉 점잖은 '연맹'은 **궁전**을 기다렸으며, 이 궁전은 왕자와 추기경, 총독이나 왕의 나라로 신혼여행 갔을 때 기억에 담은 이미지를 가진 진짜 궁궐이었던 것이다.

정말 비극적이다. 현대 사회는 한창 개조 중에 있다. 기계가 모든 것을 전복한 것이다. 세상은 지난 100년 동안 빠른 속도로 발전해 왔다. 그러나 제네바에서는

청사는 대지의 평정을 깨뜨리지 않으면서 장엄한 풍경을 보전한다.

건축 형태에서의 기하학은 대지의 자연적 풍부함과 조화를 이룬다.

장막을 치고 우리의 용법과 수단, 작업 결과를 거부했다. 우리 앞은 넓게 열려 있고, 전세계는 그곳을 향해 돌진해 가는 중이다. 그러나 국제연맹은 유감스럽게**도 장막 뒤로 숨어 과거로 회귀해 버린 것이다.**

* *
*

우리는 이 책 『건축을 향하여』가 임무를 완수했다고 생각한다. 기회가 있었으나 놓

혼잡한 날이면 자동차 순환은 대부분 필로티 아래에서 해결된다.

제네바의 국제연맹 청사
네노, 브로기Broggi, 바고Vago가 최종 당선자로 결정되었다. 이성理性이 실족한 것이다.
청사는 더 이상 일하는 기계가 아니라 전형적인 영묘靈廟가 되었다. 아카데미가 승리하였다!

쳐 버렸음을 분명하게 밝힌 것이다. 1927년 12월 22일에 국제연맹이 내린 판정은 현 상황이 어떠한지를 가늠하게 한다. 이 판정은 이 시대의 **고열**을 전염시켰다.

건축가이자 학술원 회원, 미술 아카데미 회장이자 소르본느 대학 건설자이며 국제연맹 청사 설계 경기의 당선자인 네노Nénot는 우리에게 이 고열 상태를 확인시켜 주었다.

"간단히 말해 저는 예술을 위해 기쁩니다. 우리 프랑스 팀(원문 그대로다. 그렇다면 파리의 다른 건축가들은 누구란 말인가?)은 설계 경기에 참가하면서 야만성을 물리치겠다는 목표를 세웠습니다. 우리는 몇 년 전부터 동유럽과 북유럽 등지에서 세상을 떠들썩하게 하고 있는 어떤 건축을 가리켜 야만이라고 부릅니다. 그것은 역사에서 아름다웠던 시대 전체를 부정하며 사회 일반의 의식과 훌륭한 기호를 모독하고 있습니다. 그것은 싸움에서 졌으며, 이젠 모든 것이 잘 되었습니다."
(『랭트랑지장 l'Intransigeant』과의 대담에서, 1927년 12월 24일)

『건축을 향하여』는 선동을 계속하고 있다. 독일과 영국 및 미국에서 번역된 이후 이 책(선언문)은 그 굴레를 다시 쓰고 자신의 과업을 계속해 나가고 있는 것이다.
    이 선언문은 유감스럽게도 여전히 시사하는 바가 있다.

1928년 1월 1일

설계 경기 심사 연출자의 마지막 작품. 파리 생-오귀스탱 광장 la place Saint-Augustin의 장교클럽 신축 건물 에콜 데 보자르 l'Ecole des Beaux-Arts 교수 르마레스퀴에 Lemaresquier는 다른 여덟 명과 함께 고전적 '속임수'를 동원하여 심사위원 대다수가 설계자로 지명하였던 르 코르뷔지에와 피에르 잔느레의 계획안을 공동 당선작으로 끌어내리는 데 성공했다.

개 요

엔지니어의 미학과 건축

오늘날 서로 앞서거니 뒤서거니 하면서 함께 나아가는 엔지니어의 미학과 건축 가운데 하나는 한창 절정에 올라 있고, 다른 하나는 고통스러운 퇴보를 하고 있다.

엔지니어는 경제의 법칙에 고무되고 수학적 계산의 통제를 받으면서 우리로 하여금 보편적인 법칙과 조화를 이루게 해준다. 그는 조화를 성취한다.

건축가는 형태의 배치를 통해 정신의 순수한 창조물인 질서를 실현한다. 그는 형태를 통해 조형적 감동을 불러일으키면서 우리의 감각에 커다란 영향을 미친다. 그가 창조하는 관계들은 우리의 내부에 깊은 공명을 일으키며, 우리 세계의 척도와 일치되게 느껴지는 질서의 척도를 우리에게 제공하며, 우리의 마음과 이해의 각종 움직임을 결정한다. 그때 우리는 미美를 느끼게 되는 것이다.

건축가가 상기해야 할 세 가지 교훈

I. 볼륨

우리의 눈은 빛 속에서 형태를 보기 위해 만들어졌다.
기본적 형태들은 명확하게 인식할 수 있기 때문에 가장 아름답다.
오늘날의 건축가는 이러한 단순한 형태를 더 이상 구현하지 않는다.
계산의 결과에 따라 작업하는 엔지니어는 기하학으로 우리의 눈을, 수학으로 우리의 정신을 만족시키면서 기하학적 형태를 이용한다. 그들의 작품은 위대한 예술품이 되어 간다.

II. 표면

볼륨은 표면으로 싸여 있다. 볼륨을 지시하고 생성시키는 선들에 의해 분할된 면은 볼륨의 개체성을 강조한다.

오늘날 건축가들은 표면의 기하학적 구성요소를 두려워한다.

현대적 건물에서 야기되는 커다란 문제점들은 기하학에서 그 해법을 찾아야 한다.

엄격한 프로그램의 요구에 따라 작업해야 하는 엔지니어들은 형태를 생성시키고 규정하는 선을 사용한다. 그들은 명쾌하고 인상적인 조형물을 창조한다.

III. 평면

평면은 생성원生成元, générateur이다.

평면이 없으면, 무질서와 자의성만이 있을 뿐이다.

평면은 어떤 느낌을 자극하는 본질적인 힘을 지니고 있다.

집단적인 필요에 따라 야기된 미래의 커다란 문제들은 다시 한 번 평면에 대해 의문을 제기한다.

현대의 삶은 주택과 도시를 위한 새로운 평면을 요구하며 기다린다.

조정선

건축의 필연적 요소.

질서의 필요성. 조정선은 독단에 대항하는 보증이다. 그것은 정신의 만족을 가져온다.

조정선은 목적을 위한 수단이지 비법이 아니다. 그것의 선택과 표현 방식은 건축적 창조에서 없어서는 안 될 부분이다.

보지 못하는 눈

I. 대형 여객선

위대한 시대가 막 시작되었다.

거기에는 새로운 정신이 존재한다.

새로운 정신으로 충만한 다수의 작품들이 특히 산업 생산품에서 나타나고 있다.

건축은 관습에 숨이 막힌다.

'양식들 styles[역주5.5]'은 거짓이다.

양식 style 은 한 시대의 모든 작품에 생기를 불어넣는, 통일성 있는 원리를 말하며, 그 결과 다른 시기와 구별되는 특징 있는 정신 상태를 낳는다.

우리의 시대는 날마다 자신의 양식을 결정짓는다.

불행하게도 우리 눈은 아직 그것을 분별할 줄 모른다.

II. 비행기

비행기는 수준 높은 선택에 따른 산물이다.

비행기가 주는 교훈은 문제를 파악하고 그것을 깨닫게 하는 논리에 있다.

주택의 문제는 아직 제기되지 않았다.

건축에서의 현재 관심사들은 더 이상 우리의 요구에 부응하지 않는다.

그러나 주거를 위한 표준은 존재한다.

기계류는 자체에 이미 선택을 요구하는 경제적 요인을 내포하고 있다.

주택은 살기 위한 기계다.

III. 자동차

완벽성의 문제에 맞서기 위해 표준을 설정해야 한다.

파르테논은 표준을 적용한, 신중한 선택의 산물이다.

건축은 표준에 부응하여 작용한다.

표준은 논리와 분석 및 면밀한 연구와 관련한다. 그것은 잘 제기된 문제에 기반을 둔다. 표준은 실험을 통해 최종적으로 정해진다.

건 축

I. 로마의 교훈

건축은 원재료를 사용하여 감동적인 관계를 수립하는 것이다.

건축은 실용적인 필요를 초월한다.

건축은 하나의 조형물이다.

질서의 정신, 의도의 통일성, 관계에 대한 감각.

건축은 양量을 다룬다.

열정은 활성이 없는 돌에서 극적 효과를 창출해 낼 수 있다.

II. 평면의 허상

평면은 내부에서 외부로 전개된다. 외부는 내부의 결과다.

건축의 요소는 빛과 그림자, 벽과 공간이다.

배치는 목적의 위계이며 의도의 분류다.

인간은 지상에서 1m 70cm 떨어져 있는 자신의 눈으로 건축의 창조물을 바라본다. 인간은 눈으로 접근할 수 있는 목표와, 건축의 요소들을 고려하는 의도만을 다룬다. 만약 건축의 언어로 이야기되지 않는 의도가 행해진다면, 당신은 평면의 허상에 이르게 되고 개념상의 착오나 자만에 빠짐으로써 평면의 규율을 어기게 된다.

III. 정신의 순수한 창조물

윤곽은 건축가의 시금석이다.

건축가는 윤곽을 통해 자신이 예술가인지 또는 단순한 엔지니어인지를 드러낸다.

윤곽은 모든 제약으로부터 자유롭다.

여기에는 관습이나 전통, 시공법과 실용적 요구에 대한 순응이 더 이상 존재하지 않는다.

윤곽은 정신의 순수한 창조물로, 조형예술가를 필요로 한다.

대량 생산 주택

위대한 시대가 시작되었다.

거기에 새로운 정신이 존재한다.

정해진 목표를 향해 도도히 흐르는 대하大河처럼 번져 가는 산업은 새로운 정신에 의해 활기를 띠게 된 이 새로운 시대에 적합한 새로운 도구를 우리에게 가져다준다.

경제 법칙은 우리의 행위와 사고를 지배한다.

주택 문제는 그 시대의 문제다. 오늘날 사회의 안정 여부는 이 주택 문제에 좌우된다. 건축은 이 변혁의 시기에 첫 과업으로서 (기존의) 가치를 재조명하고 주택의 구축 요소들을 수정해야 한다.

대량 생산은 분석과 실험을 기반으로 한다.

규모가 큰 기업은 건설업을 떠맡아 주택을 구성하는 요소들을 대량 생산의 기반 위에 정립시켜야 한다.

대량 생산의 마음가짐을,

주택을 대량 생산하고자 하는 마음가짐을,

대량 생산된 주택에서 살고자 하는 마음가짐을,

대량 생산 주택을 이해하고자 하는 마음가짐을 창조해야 한다.

만약 주택에 대한 과거의 고정 관념들을 제거하고 비판적이며 객관적인 견지에서 문제점을 직시한다면, 건강하고(도덕적으로도 물론이고) 우리의 삶과 동행하는 작업 도구들이 지닌 미학에서 발견할 수 있는 것처럼 아름다운 주택-도구, 즉 대량 생산 주택에 이르게 될 것이다.

엄격하고 순수한 유기체들에 부여할 수 있는 모든 생명력을 지닌 예술가의 감성은 아름답다.

건축이냐 혁명이냐

산업의 모든 분야에서 새로운 문제들이 제기되었고, 이를 해결할 수 있는 도구가 창안되었다. 이러한 사실을 과거에 비춰 볼 때, 혁명이 일어난 것이다.

건설업에서는 대량 생산을 위한 조립품들을 공장 생산하기 시작했다. 새로운 경제적 요구에 부응해 부분적인 요소들과 일단의 세트 요소들이 창조되었다. 그 결과 디테일과 양量 모두에서 성과를 이루었다. 이러한 사실을 과거에 비춰 보면, 이는 기획의 방법과 규모에서 혁명이 일어난 것이다.

건축의 역사는 구조와 장식을 구사하는 방식에서 수세기를 거쳐 서서히 발전해 왔다. 그러나 지난 50년간 철과 시멘트는 대규모 건설능력 지표와 새로워진 법규를 따른 건축의 지표라는 새로운 획득물을 가져다주었다. 과거와 비교해 보면, 우리를 위한 '양식'은 더 이상 존재하지 않으며, 우리 자신의 시대에 속한 양식이 생겨났음을 알 수 있다. 혁명이 일어난 것이다.

사람들은 의식적으로든 무의식적으로든 이러한 사건들을 감지해 왔고 새로운 요구를 제기해 왔다. 심각하게 교란된 사회의 톱니바퀴가 역사적으로 중대한 진보와 재난 사이에서 요동치고 있다. 모든 사람은 원초적 본능으로 자신의 안식처를 확보하고자 한다. 노동자나 지식인을 포함한 사회의 여러 계급 누구도 더 이상 적절한 안식처를 갖고 있지 못하다.

오늘날 깨어져 버린 사회적 안정을 해결할 열쇠는 건물의 문제에 있다. 건축이냐 혁명이냐.

ESTHÉTIQ
DE L'ING
ARCHITE

엔지니어의 미학과 건축

QUE
ÉNIEUR
CTURE

에펠(엔지니어), 가라비교

오늘날 서로 앞서거니 뒤서거니 하면서 함께 나아가는 엔지니어의 미학과 건축 가운데 하나는 한창 절정에 올라 있고, 다른 하나는 고통스러운 퇴보를 하고 있다.

엔지니어는 경제의 법칙에 고무되고 수학적 계산의 통제를 받으면서 우리로 하여금 보편적인 법칙과 조화를 이루게 해준다. 그는 조화를 성취한다.

건축가는 형태의 배치를 통해 정신의 순수한 창조물인 질서를 실현한다. 그는 형태를 통해 조형적 감동을 불러일으키면서 우리의 감각에 커다란 영향을 미친다. 그가 창조하는 관계들은 우리의 내부에 깊은 공명을 일으키며, 우리 세계의 척도와 일치되게 느껴지는 질서의 척도를 우리에게 제공하며, 우리의 마음과 이해의 각종 움직임을 결정한다. 그때 우리는 미美를 느끼게 되는 것이다.

오늘날 앞서거니 뒤서거니 하면서 함께 나아가는 엔지니어의 미학과 건축 가운데 하나는 한창 절정에 올라 있고, 다른 하나는 고통스러운 퇴보를 하고 있다.

도덕성의 문제. 거짓말은 허용될 수 없다. 우리는 거짓말 때문에 망해 가고 있다.

  건축은 인간에게 가장 절실한 것 가운데 하나다. 주택은 언제나 없어서는 안 되는 것이며, 인간이 스스로를 위해 만든 첫번째 도구이기 때문이다. 도구는 석기시대, 청동기시대, 철기시대 같은 문명화의 단계를 거치며 발전되어 왔다. 도구는 끊임없는 개량의 결과물이다. 모든 세대의 노력이 거기에 구체적으로 표현되어 있다. 도구는 진보의 노골적이고 즉각적인 표현이다. 그것은 인간에게 가장 유용한 도움과 본질적인 자유를 부여한다. 우리는 기병총, 구식 대포, 사륜마차, 낡은 기관차 같은 시대에 뒤떨어진 도구들을 쓰레기 더미에 내버린다. 이러한 행위는 건강, 즉 신체적으로나 정신적으로 건강하다는 것을 의미한다. 시원찮은 도구 때문에 질이 떨어지는 물건을 생산해야 하는 것은 옳지 않다. 또 나쁜 도구 때문에 우리의 에너지와 건강과 용기를 낭비하는 것도 옳지 않다. 그것은 폐기되고 대체되어야 한다.

그러나 사람들은 여전히 낡은 집에 살고 있으면서 자신들에게 적합한 집을 짓는 다는 것에 대해서는 한 번도 생각해 보지 않았다. 그들은 줄곧 마음속으로 주택을 소중하게 여겨 왔다. 그들은 주택을 너무나 신성시한 것이다. **지붕**도 그들이 신성시하는 것 가운데 하나다! 이밖에 다른 수호신들도 있다. 종교는 변치 않는 교리 위에서 형성된다. 그러나 문명은 변한다. 종교는 먼지 속으로 나뒹굴며 떨어진다. 주택들은 변화하지 않았다. 집에 대한 숭배가 수세기 동안 변함없이 존속되고 있는 것이다. 그러나 이 집도 언젠가는 와르르 무너질 것이다.

종교 생활을 하면서도 신앙심이 없다면 그는 가련하고 불행한 사람이다. 건강과 정신을 해치는 주택에 사는 우리는 불행하다. 인간은 한 곳에 정주해 살아가야 할 운명을 지니고 있다. 우리의 주택은 꿈쩍도 하지 않는 우리를 결핵균처럼 갉아먹는다. 머지않아 우리에게는 수많은 요양소가 필요해질 것이다. 우리는 불행하다. 우리의 집은 우리를 넌더리나게 만든다. 우리는 거기서 도망쳐 카페테리아와 무도장을 들락거리거나 슬픔에 빠진 동물처럼 음산하고 비밀스럽게 자신들의 집으로 숨는다. 실망에 빠지게 되는 것이다.

엔지니어는 시대에 적합한 모든 도구들을, 다시 말해 주택과 쥐에게 갉아먹힌 안방을 제외한 모든 것을 만든다.

젊은 지성들을 미혹하고 그들에게 위선과 겉치레, 아첨을 가르치는 곳은 파리에 있는 국립건축 그랑데콜grande école nationale d'architectes과 여타 지방의 국립·지방·시립 건축 에콜 들이다. 한심한 학교들이여!
    엔지니어들은 건강하고, 씩씩하고, 활동적이고, 유능하고, 균형 있고, 행복하다. 반면에 우리 건축가들은 환멸에 빠져 있고 일거리가 없는 상태이며, 허풍을 떨고 있거나 투정을 부리고 있다. 머지않아 더 이상 할 일이 없을 것이기 때문이다. 우리에게는 역사적 기념물을 쌓아 나갈 **자금이 더 이상 없다**. 우리는 스스로 자신을 씻어내야 할 필요가 있다.

그러나 엔지니어들은 이에 대비하고 건설해 나갈 것이다.

그러나 여기에 **건축**이라 불리는 경탄할 만하고 지극히 사랑스러운 것이 있다. 이것은 행복한 사람들이 만들어 냈고, 행복한 사람들을 만들어 낸다.

행복한 도시에는 건축이 있다.

건축은 전화기에서도, 파르테논에서도 발견할 수 있다. 건축 덕분에 우리의 주택이 얼마나 편안해지는지! 집은 거리를 만들고, 거리는 도시를 만든다. 이 도시는 느끼고, 경험하고, 경탄하는 영혼을 지닌 개체다. 가로와 도시 전체에서 건축은 얼마나 유익한 존재가 되고 있는지!

진단 결과는 명확하다.

엔지니어는 자연의 법칙에서 도출한 수학적 계산을 활용하여 건축을 한다. 이들의 작품은 우리에게 **조화**를 느끼게 해준다. 여기에 엔지니어의 미학이 존재하게 되는데, 이는 방정식을 정확하게 계산해야 하기 때문이다. 여기에 심미안이 개입되는 것이다. 수학 문제를 다룰 때 인간의 정신 상태는 순수해지며, 이로 인해 심미안은 확실하고 단호한 경로를 택하게 된다.

푸른색 수국水菊과 녹색 국화가 강요되고 불결한 난초가 재배되는 온상인 에콜에서 배출되는 건축가들은 과거에도 그랬던 것처럼 황산이나 독을 넣은 우유를 파는 우유 장수의 심경으로 도시로 들어간다.

사람들은 의사라면 무턱대고 신뢰하는 것처럼 곳곳에서 여전히 건축가를 믿는다. 물론 건물들은 견고하지 않으면 안 된다! 이 예술적 인간(건축가)에게 의지할 필요도 충분히 있는 것이다. 라루스Larousse 사전에 따르면, 예술은 개념을 실현하는 일에 **지식**을 적용하는 것이다. 그런데 오늘날 가장 훌륭한 건물의 시공법, 난방법, 환기법, 조명법을 아는 이는 엔지니어들이지 않은가?

처음부터 다시 시작하기 위한 진단, 그것은 의식을 갖고 행동하는 엔지니어들이 앞으로 나아가야 할 길을 보여 주고 있고 진리를 소유하고 있다는 것이다. 그것은 조형적 감동의 대상인 건축을 건축가의 영역 안에서 **처음부터 다시 시작해야 하고, 또한 우리의 감각을 두드리기 쉽고 우리의 시각적 욕구를 충족시킬 수 있는 요소들을** 세련됨이나 거칢으로, 분방함이나 평온함으로, 냉담함이나 감흥으로 **우리를 분명하게 감동시킬 수 있도록** 배치해야 한다는 것이다. 이 요소들은 우리가 명확하게 보고 판단할 수 있는 조형적 요소들, 즉 형태들이다. 이처럼 기본적인 동시에 미묘한, 또는 매끄럽거나 거친 형태들(구, 입방체, 원통형, 수평선, 수직선, 사선 등)은 생리적으로 우리의 감각을 자극한다. 그것들에 감동을 느낀 후에야 비로소 우리는 거친 감각을 초월할 수 있다. 그래서 우리의 지각에 작용하여 우리를 만족시키는(우리를 지배하고 우리의 모든 행동을 복종시키는 보편적인 법칙과 조화하여), 그 안에서 기억과 분석, 추리와 창조의 재능을 충분히 활용할 수 있는 어떤 관계가 생겨난다.

오늘날의 건축은 더 이상 자신의 기원을 기억하지 못하고 있다.

건축가들은 양식을 만들어 내거나 구조의 문제에 대해 장황하게 논의한다. 반면에 그들의 고객인 대중은 여전히 인습적인 시각으로 외관을 바라보며 불충분한 교육 기반 위에서 판단한다. 우리의 외부 세계는 기계의 사용으로 엄청난 변화를 겪었다. 우리는 새로운 전망과 새로운 사회 생활을 얻었지만 아직 주택을 거기에 적응시키지 못하고 있다.

이제는 주택과 거리, 도시의 문제를 제기하고 건축가와 엔지니어의 문제를 논의할 때가 되었다.

건축가를 위해 우리는 '건축가가 상기해야 할 세 가지 교훈'을 썼다.

볼륨은 우리의 감각이 지각하고 평가하며, 가장 큰 영향을 받는 요소다.

표면은 볼륨을 감싸고 있는 외피로, 볼륨이 우리에게 주는 감동을 감소시키거나 증대시킬 수 있다.

평면은 볼륨과 표면의 생성원生成元, générateur으로, 이것 때문에 모든 것은 변경될 수 없도록 고정된다.

그리고 건축가가 또 하나 상기해야 할 것은 **조정선**이다. 이것은 수학 ─ 섬세하면서 우리에게 질서를 깨닫게 하는 ─ 에 이르게 하는 수단 가운데 하나다. 우리는 돌의 영혼에 대한 많은 글보다 더 가치가 있는 것을 개진하기 원했다. 우리는 물질에 대한 자연 철학, 즉 알 수 있는 사실들에 스스로를 국한해 왔다.

우리는 주택 거주자와 도시 군중을 생각했다. 현재 건축이 어려운 상황을 겪고 있는 데에는 주문을 하고 선택을 하고 그것을 바꾸기도 하며 돈을 지불하는 **고객** 탓이 크다는 것을 우리는 잘 알고 있다. 그를 위해 우리는 '**보지 못하는 눈**'을 썼다.

우리는, "미안하오. 나는 단지 사업가일 뿐, 평생 예술 세계 밖에서 살아왔소. 나는 속물이오"라고 말하는 내로라 하는 기업가, 은행가와 상인 들을 너무나 많이 알고 있다. 우리는 이의를 제기하면서 그들에게 "당신들의 모든 에너지는 한 시대의 도구들을 주조하는, 또한 경제 법칙이 가장 중시되고 수학적 정확성이 모험적인 기상 및 상상력과 결합되어 매우 아름다운 축적물을 창조하는 숭고한 목표를 지향하고 있습니다. 바로 그것이 당신들이 하고 있는 일입니다. 더 정확하게 말하면, 그것은 아름다움입니다"라고 말했다.

이들 사업가나 은행가 그리고 상인들이 일을 마치고 자신들의 집에 있을 때, 그 집의 모든 것이 그들의 실재와는 모순되는 것처럼 보이는 것을 알 수 있다. 너무 좁은 방들, 쓸모 없고 조화롭지 못한 물품들이 뒤섞인 혼재, 오뷔송Aubusson과 살롱 도톤Salon d'Automne^{역주6}, 모든 종류의 양식과 우스꽝스럽고 하찮은 것들의 허다한 위선 위에 군림하는 구역질나는 망령 때문이다. 생산업자들은 우리에 갇힌 호랑이처럼 소심하고 움츠러든 듯이 보인다. 그들은 분명 집보다 일터인 공장이나 은행에 있을 때 더욱 행복하다. 우리는 건강하고 논리적이며, 참신하고 조화롭고 완벽한 증기선과 비행기 및 자동차에 대해 언급하면서 건축에서도 건강, 논리, 참신, 조화, 완벽에 대한 권리를 요구하였다.

사람들은 우리를 이해하게 될 것이다. 이것들은 명백한 진리다. 청소를 서두르는 것이 헛튼 짓은 아니다.

마침내 그 많은 농산물 창고, 작업장, 기계와 마천루에 이어서 건축에 대해 언급하게 된 것은 우리에게 매우 즐거운 일이다. **건축**은 건설의 문제 저 너머에 있는 예술이며 감동의 사건이다. **건설의 목적이 건물을 지탱하는 것이라면, 건축의 목적은 사람을 감동시키는 데에 있다.** 건축적 감동은 우리가 따르고 인정하고 존경하는 법칙을 지닌 우주와의 조화를 이룬 작품이 우리 안에서 공명될 때 존재한다. 조화가 이루어질 때 작품은 우리를 매료시킨다. 건축은 '조화'의 문제이며, 그것은 '정신의 순수한 창조물'이다.

오늘날 회화는 다른 예술보다 앞서 나가고 있다.

회화는 시대의 흐름과 파장에 자신을 맞춘 선두 주자다.[2]

현대 회화는 벽, 벽걸이 융단 또는 장식적인 묘석에 그려진 그림들과 결별했으며, 사람을 즐겁게 해주는 상형화에서 멀리 떨어져 사실로 충실하게 채워진 틀 속에 스스로를 국한시켰다. 그것은 명상에 적합하다. 예술은 더 이상 역사를 말하지 않고 사람으로 하여금 명상하게 한다. 일과 후에 명상하는 것은 좋은 일이다.

한편으로, 대중은 정직한 주거를 기다리는데, 이 문제는 초미의 중대사다.

다른 한편으로, 창의적이고 능동적이며 사려 깊은 **지도자**는 명상을 위해 평온하고 견고한 공간을 필요로 하는데, 이것은 엘리트의 건강에 필요 불가결한 문제다.

오늘날 예술의 챔피언이면서도 그토록 많은 냉소를 견뎌야 하고 그토록 지독한 무관심에 상처를 입은 화가와 조각가들이여, 함께 우리의 집들을 일소一掃하

피사 Pisa

고 우리의 도시를 재건할 수 있도록 도와주길 바란다. 그렇게 하면 당신들의 작품은 시대의 틀 안에서 제자리를 찾을 수 있을 것이며, 당신들은 어디서나 인정받고 이해될 것이다. 건축이 당신들의 관심을 필요로 한다는 것을 생각하라. 건축의 문제를 잊지 말기를 당부한다.

---

2) 나는 입체파와 그후의 탐구들이 가져다준 주요한 진전에 대해 말하고 있는 것이지, 지난 2년간 그림이 잘 팔리지 않아 미칠 지경이 된, 학식이 그다지 풍부하지 않고 둔감한 비평가들에게 설득된 화가들을 사로잡은 통탄스러운 퇴락을 말하는 것이 아니다 (1921년).

TROIS RA
A MESSIE
LES ARC

I. LE VOLUME

APPELS
EURS
HITECTES

건축가가 상기해야 할 세 가지 교훈

I. 볼륨

사일로

우리의 눈은 빛 속에서 형태를 보기 위해 만들어졌다.
기본적 형태들은 명확하게 인식할 수 있기 때문에 가장 아름답다.
오늘날의 건축가는 이러한 단순한 형태를 더 이상 구현하지 않는다.
계산의 결과에 따라 작업하는 엔지니어는 기하학으로 우리의 눈을,
수학으로 우리의 정신을 만족시키면서 기하학적 형태를 이용한다.
그들의 작품은 위대한 예술품이 되어 간다.

밀 사일로

건축은 다양한 '양식'과 아무런 관련이 없다.

   건축에 있어서 루이 14, 15, 16세 양식이나 고딕양식은 여성의 머리에 꽂힌 깃털 장식과 같다. 그것은 때로는 예쁘지만 항상 그렇지는 않으며, 그 이상 아무것도 아니다.

건축은 더 심오한 목적을 지니고 있다. 숭고해지기까지 하는 건축은 객관성을 통해 가장 근원적인 본능을 발산한다. 건축은 바로 그 추상성을 통해 최고로 고양된 기능을 발휘하는 것이다. 건축적 추상은 냉엄한 사실에 근거하여 건축을 특별하고 훌륭한 것으로 만들며 정신화시킨다. 왜냐하면 냉엄한 사실은 실행할 수 있는 개념의 구체화이자 상징이나 다름 없기 때문이다. 냉엄한 사실은 그것에 적용된 질서에 의해서만 개념화될 수 있다. 건축이 불러일으키는 감동은 오늘날에는 잊혀져버린, 불가피하고 불가항력적인 물리적 상황들에서 생긴다.

볼륨과 표면은 건축이 스스로를 드러내게 만드는 요소다. 볼륨과 표면은 평면에 따라 결정된다. 생성원은 바로 평면인 것이다. 상상력이 결여된 사람들에게는 딱한 일이다!

캐나다의 밀 사일로와 양곡기 설비가 갖춰진 대형 곡물 창고

미국의 밀 사일로와 양곡기 설비가 갖춰진 대형 곡물 창고

첫번째 교훈 : 볼륨

건축은 빛 아래에 볼륨들을 숙련되고 정확하고 장엄하게 모으는 작업이다. 우리의 눈은 빛 속에서 형태를 보기 위해 만들어졌다. 그림자와 빛은 형태를 드러낸다. 입방체, 원추형, 구형, 원통형 또는 피라미드형은 빛에 의해 그 모양이 잘 드러나는 위대한 기본 형태들이다. 이들이 우리에게 주는 이미지는 모호함이 없는 간결성과 명확함이다. 이 때문에 이 기본 형태들은 아름다운 형태, 가장 아름다운 형태다. 어린아이부터 미개인, 형이상학자에 이르기까지 모든 사람이 여기에 동의한다. 이것은 조형예술의 조건 그 자체다.

이집트, 그리스 또는 로마 건축은 프리즘, 입방체, 원통형, 피라미드형이나 구형의 건축이다. 피라미드, 룩소 신전, 파르테논, 콜로세움, 아드리아나 저택 Villa Adriana^{역주7} 등이 여기에 속한다.

고딕건축은 근본적으로 구형과 원추형, 원통형에 기반을 둔 것이 아니다. 성당의 중앙 홀만은 단순한 형태의 표현이었지만 이 또한 부차적인 양식에 따라 복잡해진 기하학적 형태다. 이것이 대성당이 아름답지 않은 이유이며, 우리는 이에 대

한 보상으로 대성당에서 조형예술과는 무관한 주관적인 양식을 찾게 된다. 우리는 대성당에서 보이는, 어려운 문제를 해결하는 독창적인 방법에 흥미를 느낀다. 그러나 대성당이 위대한 기본 형태들에서 발생한 것이 아니므로 선결 조건이 잘못 주어진 것이다. 대성당은 조형적 작품이 아니다. 그것은 한 편의 드라마다. 다감한 자연의 감각인 중력에 대항한 투쟁이다.

  이집트의 피라미드, 바빌론의 탑, 사마르칸트의 문, 파르테논, 콜로세움, 퐁 뒤 가르 le Pont du Gard[역주8], 성 소피아 사원, 이스탄불의 회교 성전들, 피사의 사탑, 브루넬레스키와 미켈란젤로의 둥근 지붕들, 파리 센 강의 퐁 루아얄 le Pont-Royal[역주9]과 앵발리드 기념관 les Invalides[역주10] 등은 모두 건축이다.

  그러나 지나치게 장식된 석재 파사드에 의존하는 센 강변의 케도르세 기차역 la Gare du quai d'Orsay[역주11]과 그랑 팔레 le Grand Palais[역주12]는 건축에 속하지 못한다.

  독창성이 결여된 지적 미발육 상태인 평면과 나뭇잎 무늬 장식, 벽기둥과 함석 지붕들 사이에서 갈 바를 모르는 오늘날의 건축가들은 기본 볼륨의 개념을 결코 받아들이지 못했다. 에콜 데 보자르[역주13]에서도 그들에게 이것을 가르친 적이 전혀 없다.

건축적 사고를 따르지 않고 다만 계산의 결과(우리의 우주를 지배하는 원리들에서 비롯된)와 생존 가능성이 있는 **유기체**라는 개념의 인도를 받은 오늘날의 **엔지니어들은** 규칙에 따라 기본 요소들을 조정하면서 사용하여 건축적 감동을 불러일으키고 인간의 작품을 우주적 질서와 공명하게 한다.

그래서 우리는 새로운 시대의 놀라운 **첫 결실인** 미국의 사일로와 공장들을 갖게 된 것이다. **미국의 엔지니어들은 계산을 이용하여 빈사 상태인 건축을 압도하고 있는 것이다.**

TROIS RA
A MESSIE
LES ARC

II. LA SURFACE

APPELS
EURS
HITECTES

건축가가 상기해야 할 세 가지 교훈

II. 표면

브라만테Bramante와 라파엘Raphael

볼륨은 표면으로 싸여 있다. 볼륨을 지시하고 생성시키는 선들에 의해 분할된 면은 볼륨의 개체성을 강조한다.
오늘날 건축가들은 표면의 기하학적 구성요소를 두려워한다.
현대적 건물에서 야기되는 커다란 문제점들은 기하학에서 그 해법을 찾아야 한다.
엄격한 프로그램의 요구에 따라 작업해야 하는 엔지니어들은 형태를 생성시키고 규정하는 선을 사용한다. 그들은 명쾌하고 인상적인 조형물을 창조한다.

건축은 다양한 '양식'과 아무런 관련이 없다.

    건축에 있어서 루이 14, 15, 16세 양식이나 고딕양식은 여성의 머리에 꽂힌 깃털 장식과 같다. 그것은 때로는 예쁘지만 항상 그렇지는 않으며, 그 이상 아무것도 아니다.

두 번째 교훈 : 표면

건축이란 볼륨을 빛 아래에 숙련되고 정확하고 장엄하게 모으는 작업이므로, 건축가의 과업은 볼륨을 감싸고 있는 표면에 생기를 불어넣는 것이다. 그러나 그렇다고 해서 표면이 볼륨을 잠식하고 흡수해 버려 스스로가 우위를 차지하는 기생충처럼 되어서는 안 된다. 이렇게 전도된 상황이 오늘날 우리가 직면하고 있는 슬픈 현실이다.

    볼륨으로 하여금 빛 아래에서 스스로 광채를 드러내게 하는 것, 그러나 다른 한편으로 종종 공리적인 요구에 따라 그 표면을 알맞게 조정하는 것, 그것은 분할된 표면에서 형태를 **생성시키고 규정하는 선**들을 발견하도록 강제하는 것을 의미한다. 바꾸어 말하면, 건축이란 주택이나 사원 또는 공장에서 이와 같은 과업을 수행하는 것이다. 사원이나 공장의 표면은 대부분 문과 창을 위한 구멍이 나 있는 벽이다. 이러한 구멍들은 흔히 형태를 파괴한다. 이 구멍들은 형태를 강조하도록 만들어져야 한다. 만약 건축의 본질적 요소가 구형과 원뿔형 및 원통형에 있다면, 이러한 형태를 생성시키고 규정하는 선들은 순수한 기하학에 바탕을 두고 있다. 그러나 오늘날의 건축가들은 이 기하학을 두려워한다. 그들은 감히 피티 궁Pitti Palace역주14이나 리볼리Rivoli 가街를 건설하지 못하고 라스파일 대로Boulevard Raspail역주15만을 건설할 뿐이다.

58 | 건축을 향하여

이제 실제적인 요구라는 측면에 주목해 보자. 우리는 효율적으로 구획되어 전체적인 볼륨이 아름다운 도시가 필요하다(도시계획). 우리는 청결함과 주거 조건으로서의 적합성, 현장 조직에서의 대량 생산 의식, 의도에서의 원대함과 전체에서의 차분함이 정신을 기쁘게 하고 새로운 매력이 발산되는 가로들을 필요로 한다.

단순한 기본 형태의 표면에 입체감을 주는 것은 표면으로 하여금 자동적으로

볼륨과 경쟁하게 한다. 이것은 고의적인 모순으로 라스파일 대로가 그 예에 해당한다.

  복잡하나마 조화를 이루고 있는 볼륨의 표면에 입체감을 주는 것은 볼륨 안에서 **조정하고** 여전히 볼륨 안에 머무르게 한다. 보기 드문 예로 망사르Jules Hardouin Mansart의 앵발리드를 들 수 있다.

  오늘날의 시대와 미학의 문제는 모든 것이 단순한 볼륨으로 복귀하는 경향을 띠고 있다는 점이다. 가로, 공장, 백화점 등에서 갖가지 문제들이 다른 어떤 시대에는 결코 알 수 없었던 종합적인 형태로, 보편적인 양상으로 곧 등장할 것이다. 정해진 용도에 따른 필요성으로 인해 구멍이 난 표면은 이러한 단순한 형태들을 생성시키고 규정하는 선들을 차용해야 한다. 이러한 선들은 실제로는 바둑판형이거나 석쇠형이다. 미국식 공장들이 그 예다. 그러나 이런 류의 기하학은 건축가에게 공포의 근원이 되지 않는가!

  건축적 아이디어를 추구해서가 아니라 단지 프로그램의 강제적 요구에 따라 오늘날의 엔지니어들은 볼륨을 생성시키고 규정하는 선들에 이르게 된다. 그들은 우리에게 시각적 안정감을 주고 심리적으로는 기하학이 주는 즐거움을 부여하면서, 우리가 나아갈 길을 보여 주고, 선명하고 명쾌한 조형물을 창조한다.

새로운 시대의 고무적인 첫 결실인 공장들이 그 산물이다.

오늘날의 엔지니어들은 브라만테와 라파엘이 이미 오래 전에 적용하였던 원리에 자신들이 부응함을 느낀다.

주의―미국 엔지니어들의 충고에 귀를 기울이되, 미국 건축가들은 경계하자. 아래 그림이 그 증거다.

III. LE PLAN

PPELS
URS
HITECTES

건축가가 상기해야 할 세 가지 교훈

Ⅲ. 평면

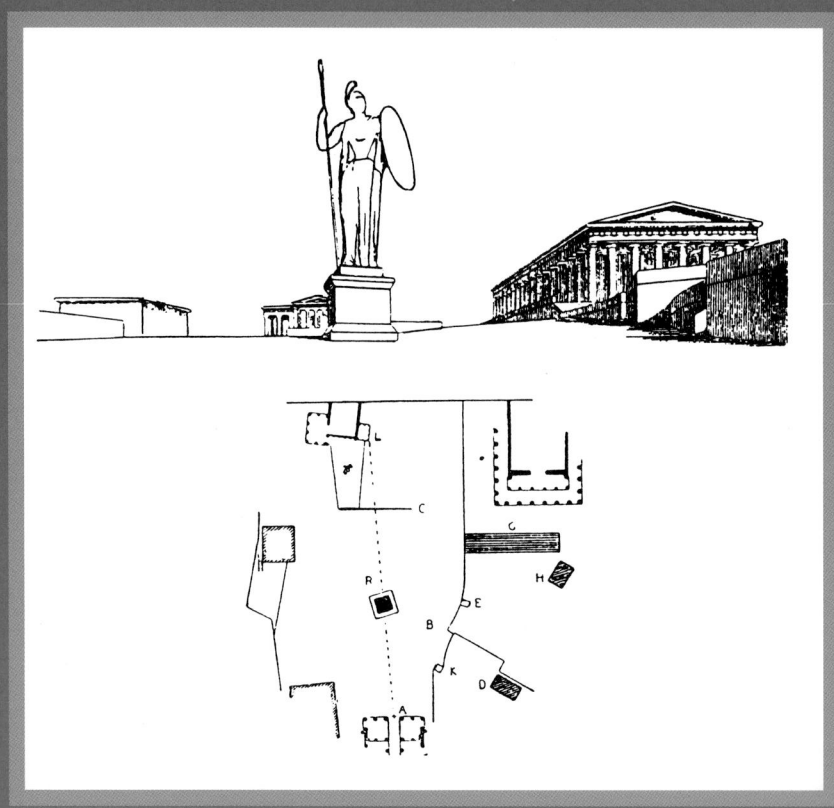

아테네의 아크로폴리스
아크로폴리스로 들어가는 출입구인 프로필라이아Propylea에서 바라본 파르테논과 에렉테이온Erechtéion 그리고 아테네 여신상 전경. 아크로폴리스의 지형은 기복이 매우 심했는데, 그 높이 차이가 건물들의 초석 구실을 하는 데 적극적으로 활용되었다. 약간 어긋난 직각 체계는 풍부한 다양성과 미묘한 효과를 지닌 경관을 제공한다. 비대칭적으로 배열된 매스는 긴장된 리듬을 창출해 낸다. 전체 구성은 당당하고 융통성이 있으며, 활기 있고 강렬하며 위압적이다.

평면은 생성원 生成元, générateur이다.
평면이 없으면, 무질서와 자의성만이 있을 뿐이다.
평면은 어떤 느낌을 자극하는 본질적인 힘을 지니고 있다.
집단적인 필요에 따라 야기된 미래의 커다란 문제들은 다시 한 번 평면에 대해 의문을 제기한다.
현대의 삶은 주택과 도시를 위한 새로운 평면을 요구하며 기다린다.

건축은 '양식'과 아무런 관련이 없다.

건축은 바로 그 추상성을 통해 최고로 고양된 기능을 발휘한다. 건축적 추상은 냉엄한 사실에 근거하여 건축을 특별하고 훌륭한 것으로 만들며 정신화시킨다. 왜냐하면 냉엄한 사실은 실행할 수 있는 개념의 구체화이자 상징이나 다름 없기 때문이다. 냉엄한 사실은 그것에 적용된 질서에 의해서만 개념화될 수 있다.

볼륨과 표면은 건축이 스스로를 드러내게 만드는 요소들이다. 볼륨과 표면은 평면에 따라 결정된다. 생성원은 바로 평면인 것이다. 상상력이 결여된 사람들에게는 딱한 일이다!

세 번째 교훈 : 평면

평면은 생성원이다.

관찰자는 눈을 통해 가로와 집들로 이루어진 하나의 대지를 본다. 그것은 주변에 솟아 있는 볼륨들에서 영향을 받는다. 만약 이러한 볼륨들이 정연하고, 변형에 의해 볼썽사납게 망쳐진 것이 아니라면, 그것들의 배열이 흐트러진 덩어리가 아니라 명쾌한 리듬을 표현하고 있다면, 공간과 볼륨의 관계가 올바른 비례로 되어 있다면, 눈은 조정된 감정을 두뇌에 전달하고 마음은 고도의 질서로부터 만족을

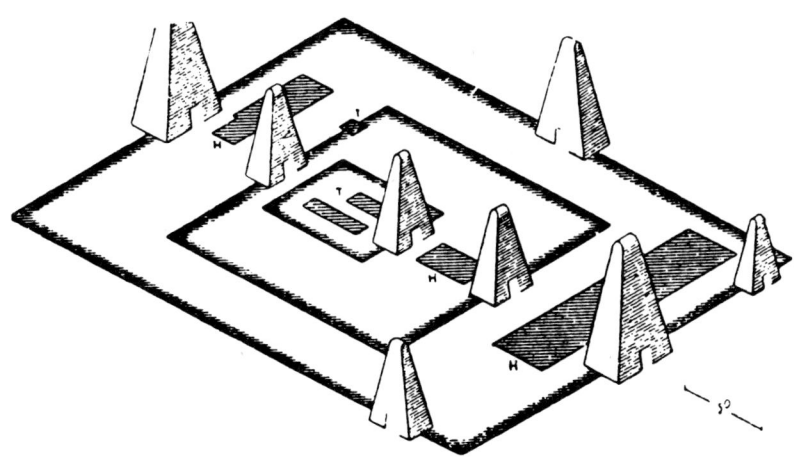

힌두 교 사원의 전형
탑들은 공간에 리듬을 부여한다.

건축가가 상기해야 할 세 가지 교훈 | 67

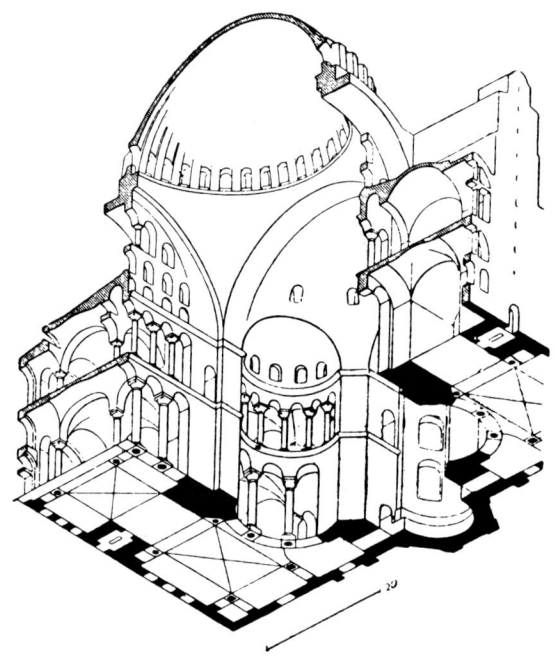

콘스탄티노플의 성 소피아 사원
평면은 구조 전체에 영향을 미친다. 그 기저에 있는 기하학적 법칙들과 변조된 결합은 건물의 모든 부분에서 전개된다.

얻어낸다. 이것이 건축이다.

눈은 커다란 실내에서 벽과 둥근 볼트voûte 들로 구성된 다수의 표면을 관찰한다. 둥근 천장은 공간을 규정한다. 볼트는 표면을 전개시킨다. 기둥과 벽 들은 합당한 근거에 따라 덧붙여진다. 모든 구조는 기초 위에 세워지고 평면이라는 대지 위에 사용된 아름다운 형태들, 형태들의 다양성, 기하학적 원리의 통일성과 같은 규칙을 따라 발전해 나간다. 조화의 심오한 전달, 이것이 건축이다.

평면은 기본이다. 평면 없이는 의도와 표현에서의 위대함은 물론이고 리듬도, 볼륨도, 일관성도 있을 수 없다. 평면이 없다면 조잡함과 빈궁, 무질서와 자의성 같은 인간이 참기 힘든 감각만 있을 뿐이다.

평면은 가장 활발한 상상력과 아울러 가장 엄격한 훈련을 필요로 한다. 평면은 모든 것을 한정한다. 그것은 결정적인 순간이다. 평면은 성모상의 얼굴처럼 그리기에 멋지지 않다. 그것은 엄격한 추상이다. 그것은 대수학처럼 무미건조하지만

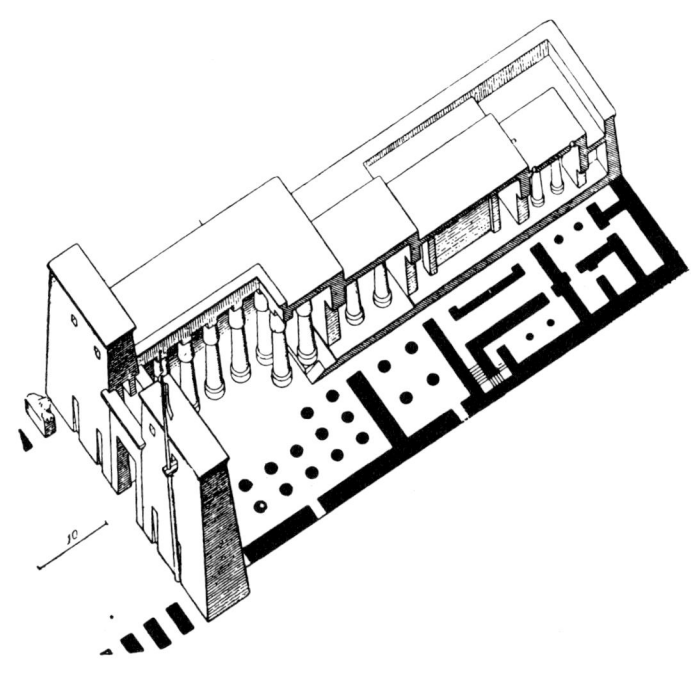

테베의 사원
평면은 주입구의 축을 따라 구성되었다. 스핑크스의 가로수길, 탑문, 안마당과 열주랑, 지성소

정확하다. 수학자의 작업 역시 인간의 정신 활동에서 가장 차원이 높은 것 가운데 하나다.

작품에서의 부분 배열ordonnance은 동일한 방법으로 모든 인간에게 반응하는 분명한 리듬이다.

평면은 자체 내에 원초적으로 미리 규정된 리듬을 지니고 있다. 작업은 넓이와 높이에서 평면의 규칙을 따른 결과 가장 간단한 것부터 가장 복잡한 것까지 아우를 수 있을 만큼 발전해 나가는데, 이 모든 것은 동일한 법칙에서 생성된다. 법칙의 일관성은 좋은 평면의 계율이다. 무한히 변조할 수 있는 간명한 법칙이 필요하다.

리듬은 복잡하거나 단순한 대칭 또는 섬세한 균형에서 비롯된 평형의 상태다. 동등화(대칭, 반복 : 이집트와 힌두의 사원), 보정(상반된 부분들의 운동 : 아테네의 아크로폴리스), 변조(초기의 조형적 창안물의 발전 : 성 소피아 사원)같이 리듬은 일종의 방정식이다. 리듬과 평형의 상태를 부여한다는 목표가 일치함에도 불구하고

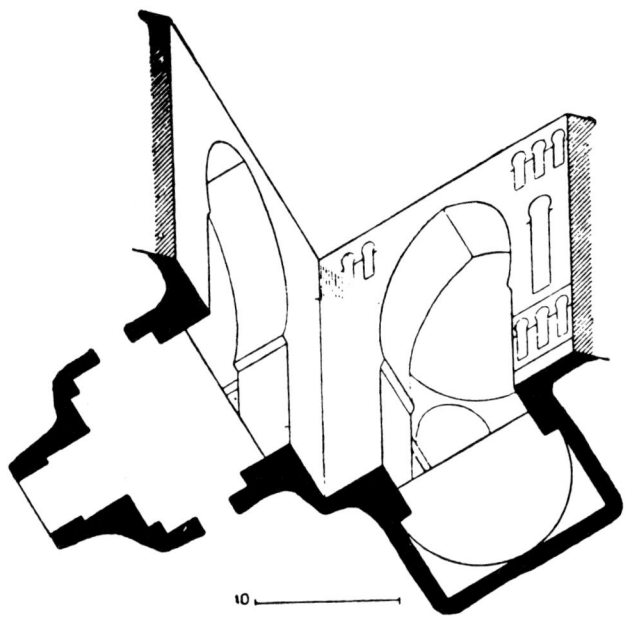

시리아의 암만 Amman 궁전

각 개인의 반응은 근본적으로 다르다. 그래서 우리는 위대한 시대의 놀라운 다양성을, 장식의 유희가 아닌 건축적 원리의 결과인 다양성을 얻게 된다.

평면은 자체 내에 감각의 본질을 지니고 있다.

그러나 100년 전부터 우리는 평면의 의미를 잊어 왔다. 집단적인 필요에 따라 요구된, 통계학에 바탕을 두고 수학적 계산에 따라 이해하게 되는 내일의 중요한 문제들은 다시 한 번 평면의 문제를 되살아나게 한다. 도시계획에 기울여야 할 필요 불가결한 통찰력을 깨우치는 순간 그 어느 시대도 알지 못했던 시기로 진입하

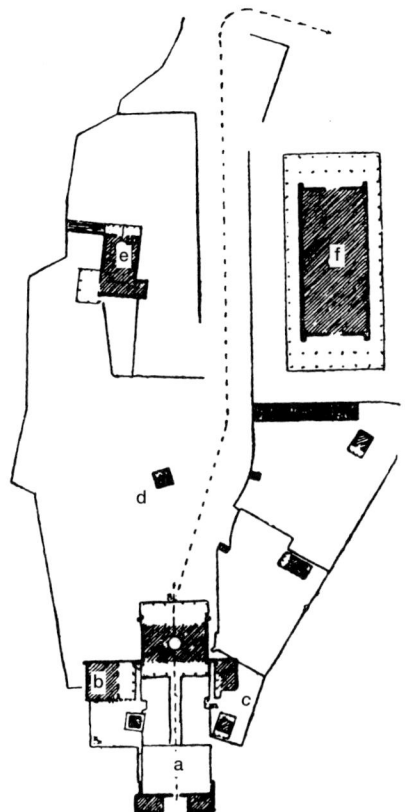

a. 프로필라이아
b. 피나코테카
c. 아테나 니케 신전
d. 아테나 여신상
e. 에렉테이온
f. 파르테논

아테네의 아크로폴리스
평면에 있어 외견상 질서의 결핍은 몽매한 사람들만 속일 수 있을 뿐이다. 부분들 간의 균형은 무가치한 것이 아니다. 그것은 피라에우스Piraeus에서 펜텔리쿠스Pentelicus 산까지 뻗어 있는 유명한 경관에 따라 결정된다. 설계안은 먼 거리에서 볼 수 있게 고안되었다. 축은 계곡을 따르며 각도자는 위대한 연출자의 능숙한 기술에 의해 고안되었다. 멀리서도 보이는, 바위와 지지벽 위에 구축된 아크로폴리스는 견고한 하나의 블록처럼 보인다. 건물들은 다양한 평면에 따라 밀집되어 있다.

게 될 것이다. 동방의 사원들이 계획되고 앵발리드나 루이 14세의 베르사이유가 설계되었던 것과 같은 방법으로 모든 영역에서 도시에 대한 상상과 계획이 이루어져야 한다.

이 시대의 재무 기술과 건설 기술 분야의 전문성은 이러한 과업을 달성할 준비가 되어 있다.

리옹Lyon 시장 에리오Herriot의 지원으로 토니 가르니에Tony Garnier^{역주16}는 '공업도시Cité Industrielle'를 계획하였다. 이 계획안은 도시에 질서를 부여하는 시도

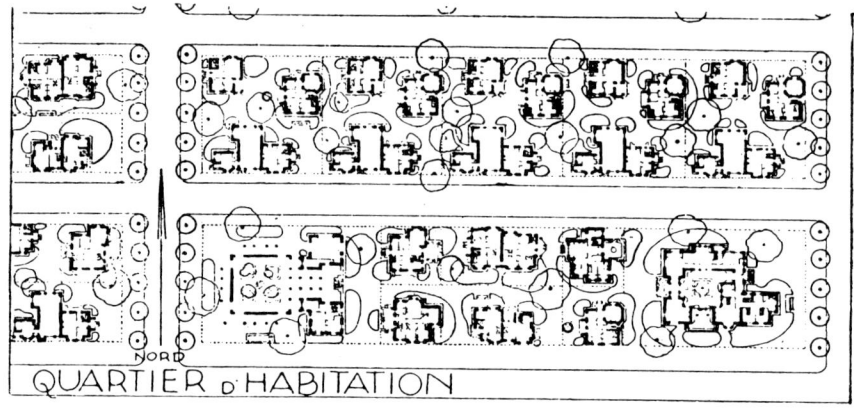

토니 가르니에의 공업도시에서 발췌된 주거 구역
토니 가르니에는 공업도시에 대한 깊이 있는 연구에서 도시를 정상적으로 팽창시킬 수 있는 결과를 가져올 사회적 질서상의 확실한 진보를 담고 있는 내용을 제안하였다. 사회는 이제부터 모든 대지를 완벽하게 통제할 수 있을 것이다. 가구당 주택이 한 채씩 배당될 것이다. 대지의 절반에는 건물이 들어설 것이고 나머지 절반은 공공 용도로 귀속되어 나무가 심어질 것이다. 울타리는 어디에도 없다. 이제부터는 보행자가 더 이상 따라갈 필요가 없는 길이 아니라 어느 방향으로나 도시를 관통할 수 있는 길이 생긴다. 그리고 도시의 땅은 마치 거대한 공원처럼 될 것이다(도심 구역의 밀도를 너무 낮게 잡은 것에 대해서는 가르니에를 비판할 여지가 있다).

이자 실용적·조형적 해결이 융합된 결과다. 통일성 있는 규칙은 도시의 전 구역에서 기본적 형태의 볼륨을 동일하게 선택하게 하고 실용적 질서의 필요성과 건축가의 고유한 시적 감각의 명령에 따라 공간을 결정하게 한다. 이 공업도시 계획안에서의 구역 간 관계에 대한 판단은 유보하더라도, 우리는 여기에서 질서가 주는 유익한 결과를 경험할 수 있다. 질서가 지배하는 곳에서 행복이 생겨난다. 훌륭한 토지분할 체계를 확립한 덕분에 노동자들의 주거 지역조차도 고도의 건축적 중요성을 지니게 되었다. 이것 모두가 평면의 결과다.

현대적 도시계획의 탄생을 기다리고 있는 현 상황에서 우리 도시에서 가장 아름다운 구역은 규모와 양식을 결정하는 근거가 해결해야 할 문제 자체에 있는 공장 구역일 것이다. 평면은 실패했고, 지금까지도 그러한 상태다. 훌륭한 질서는 홀과 작업장 내부를 잘 통제하고, 기계의 구조를 강제하고 그 움직임을 제어하며, 각 작업팀의 활동을 좌우한다. 그러나 먹줄과 직각자가 건물의 위치를 결정하고 그것들을 무모하고 값비싸며 위험한 방법으로 확산시켜 나갈 때, 그 주위는 쓰레기로 오염되고 부조리가 만연하게 된다.

평면으로 족했을 것이다. 그리고 언젠가 우리는 우리의 필요를 충족시켜 줄 이

토니 가르니에 주거 구역에서 여러 주택 사이로 나 있는 통행로

토니 가르니에 주거 구역의 가로

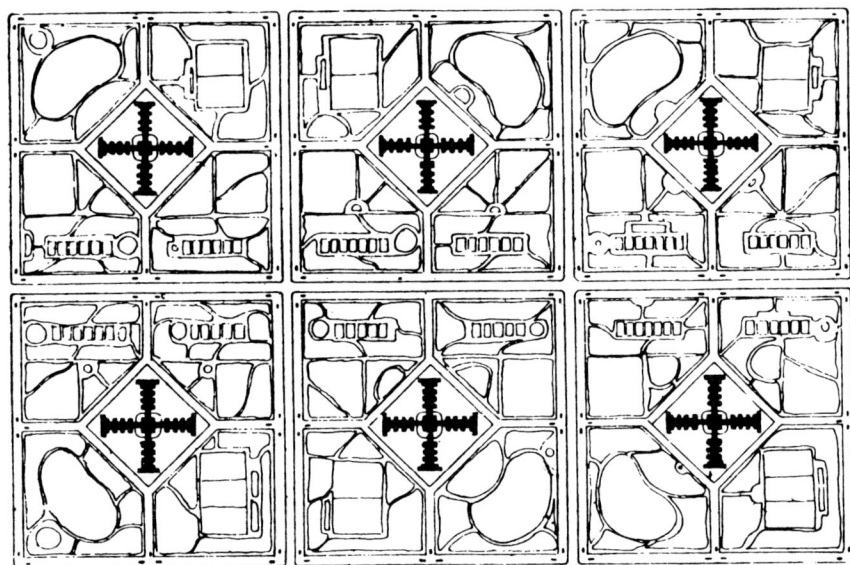

르 코르뷔지에, 탑형 도시 배치 제안, 1920
높이 220m의 60층 건물로 간격은(튈러리 공원 Jardin des Tuileries의 넓이에 상당하는) 250~300m이다. 건물의 폭은 150~200m이다. 공원 면적이 매우 넓음에도 불구하고 도시의 표준 밀도는 5배에서 10배까지 상승했다. 이러한 건물들은 오로지 업무용(사무실)으로, 도심에 건설되어 주요 도로의 혼잡을 완화시킬 것이다. 가정 생활은 엘리베이터라는 비범한 기계 장치에 잘 적응하지 못할 것이다. 그 수치는 무섭고 비정하지만 장엄하다. 폭이 200m인 마천루는 고용인 한 명당 10m²의 면적을 할당하면서 4만 명을 수용하게 될 것이다. 오스만 Hausmann은 파리에 비좁은 배수구를 만드는 대신 구역 전체를 허물고 건물을 높게 쌓아올렸다. 게다가 그는 그랑 루아 Grand Roy 공원보다 더 아름다운 공원들을 조성했다.

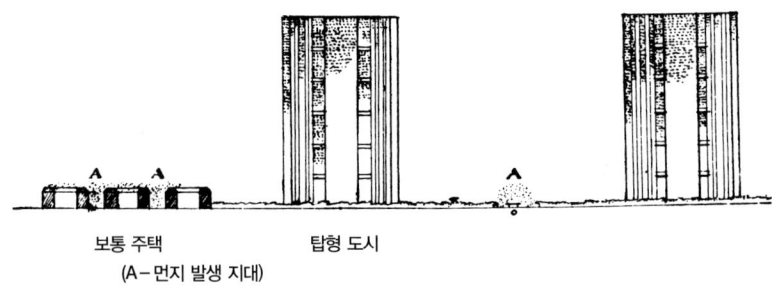

보통 주택   탑형 도시
(A - 먼지 발생 지대)

탑형 도시
이 단면은 왼쪽에 있는 오늘날의 도시가 얼마나 먼지와 냄새와 소음으로 가득 차 있는지를 잘 보여 준다. 반면에 타워들은 이 모든 것들로부터 멀리 떨어져 녹음 속에서 맑은 공기를 즐기고 있다. 도시 전체는 숲으로 뒤덮여 있다.

르 코르뷔지에, 탑형 도시, 1920
타워들은 정원과 테니스, 축구 등을 할 수 있는 운동 공간의 가운데에 자리하고 있다. 넓은 간선도로는 고가고속도로와 함께 저속과 고속 그리고 초고속의 교통 순환을 가능하게 한다.

평면을 갖게 될 것이다. 역설적이지만 과도한 해악이 그것을 가능하게 할 것이다.

어느 날, 오귀스트 페레August Perret역주17는 '탑형 도시 Villes-Tower'라는 말을 창조했다. 우리에게 내재된 시적 본능을 불러일으키는 재기 넘치는 말이다. 사태가 절박함을 감안하면 이 얼마나 시기 적절한 말인가! 우리도 모르는 사이에 '대도시'는 평면을 품고 있다. 대도시는 밀물과 같은 것이므로 이 평면은 거대할 수 있다. 이제는 건물들이 층층이 쌓아올려진 채 소음과 가솔린 냄새와 먼지로 가득 찬 좁은 길들이 얽혀 있고 각 층마다 창들이 이러한 불결함을 향해 활짝 열려 있는 우리 도시의 기존 설계와 결별할 때다. 대도시들은 거주자들의 안전을 고려할 경우에는 너무 과밀한 반면에 '업무'에 대처하기에는 충분한 밀도를 지니고 있지 못하다.

미국식 마천루가 건설에서의 주요 성과임을 인정한다면, 몇몇의 특정 장소에 사람들을 높은 밀도로 모아 그곳에 60층 높이의 거대한 구조물들을 세우는 것으로 충분할 것이다. 철근 콘크리트와 철은 이러한 대담성을 가능하게 하며, 특히 모든 창이 충만한 창공을 면하고 있어 파사드를 발전시키는 데 상당한 기여를 할 것이다. 이에 따라 중정은 더 이상 존재하지 않게 될 것이다. 14층보다 높은 층에서는 절대적인 고요와 깨끗한 공기를 누리게 될 것이다.

　미국의 경험에 따르면, 지금까지는 밀집된 구역들과 혼잡한 길들로 질식 상태에 있었던 업무 타워들 안에 모든 서비스가 한데 모아져 효율성을 높이고 시간과 노력을 절약할 수 있으며, 이를 통해 마음의 평안을 얻게 될 것이다. 서로 멀리 떨어져 세워진 이 타워들은 지금까지 넓게 펼쳐 놓았던 면적을 높이로 해결한다. 타워들은 소음과 더욱 빨라진 교통 순환으로 가득 찬 직선도로들과 멀리 떨어져 있으면서 광활한 공간을 남겨 놓았다. 타워의 발치에는 공원이 펼쳐진다. 녹음이 도시 전체를 뒤덮는다. 타워들은 큰 가로수길을 따라 정렬해 있다. 그것은 이 시대에 걸맞은 건축이다.

　오귀스트 페레는 탑형 도시에 대한 원칙을 진술한 바 있다. 그러나 그것을 그리지는 않았다.[3] 하지만 그는 『랭트랑지장』기자와의 인터뷰에서 자신의 개념을 상당한 극한까지 확장시켜 나갔다. 이처럼 그는 건전한 사상 위에 위험한 미래주의의 돛을 내던졌다. 기자는 거대한 교량이 타워들을 서로 연결한다고 기록했다. 무엇 때문에 그랬을까? 간선도로는 집에서 멀리 떨어져 있다. 공원에서, 다이아몬드형으로 심어진 나무 아래에서, 잔디밭과 놀이터에서 만족하는 주민들은 아무런 할 일도 없이 현기증이 나는 육교 위를 산책할 마음을 전혀 갖지 않을 것이다. 기자는 또한 20m 높이(6층 높이) 위에 가로가 얹혀 타워들이 서로 연결된, 무수히 많은 철근 콘크리트 필로티 위에 들어올려진 도시를 기록하였다. 이 필로티는 도시의 하부에 엄청난 공간을 만들어 주어 도시의 내장인 수도관, 가스관, 하수관을 넉넉히 수용하게 될 것이다. 하지만 계획안이 마련되지 않아 이 아이디어는 더 이상 전개될 수 없었다.

　나는 이 필로티 개념을 오귀스트 페레보다 훨씬 전에 발표한 적이 있다. 그것이 웅장한 성격 면에서는 부족하지만, 진정한 요구에 대응할 수 있는 것이었다. 그것은 오늘날의 파리와 같은 기존 도시에 적용되었다. 땅을 파서 두꺼운 기초 옹벽을 세우는 대신에, 수도관, 가스관, 하수관, 지하철을 설치하거나 보수하려고 (시지프스의 고역같이) 도로를 끊임없이 굴착하고 파헤치는 대신에, 기초가 필요한 수량만큼의 콘크리트 기둥으로 대체된 동일한 땅에 새로운 구역을 건설하기로 결

---

[3] 1920년 이 스케치를 그리면서 나는 오귀스트 페레의 아이디어를 옮겨 쓰려 한 적이 있다. 그러나 1922년 8월 『릴뤼스트라시옹·l'Illustration』에 발표된 그의 그림은 다른 개념을 드러내 보였다.

르 코르뷔지에, 필로티 도시, 1915
도시의 바닥은 건물의 기초로 사용되는 필로티 위에 4~5m까지 들어올려져 있다. 도시의 실제 지반은 일종의 층이 되고 가로와 포장도로는 마치 교량처럼 떠 있다. 직접 진입할 수 있는 이 필로티 층에는 수도관, 가스관, 전기선과 전화선처럼 현재는 땅 속에 묻혀 접근 불가능한 주요 서비스 시설들이 위치한다.[4]

정될 것이다. 이 기둥들은 건물의 1층은 물론이고 건물 외에도 설치되어 인도와 차도의 바닥을 지지할 것이다.

이렇게 해서 얻어진 높이 4~6m의 공간 아래로 육중한 화물차는 물론이고, 장소를 차지하여 교통에 방해가 되는 전차를 대신하여 건물의 지하와 직접 연결되는 지하철이 다니게 될 것이다. 보행자와 자동차에 할애된 가로와 별개로 작용하는 온전한 교통망을 얻게 될 것이며, 건물이 차지하는 면적에 구애받지 않는 고유한 지형을 보존할 수 있을 것이다. 질서정연한 기둥의 숲 한가운데에서 도시는 상품을 교환하고 식량을 반입하는 등 오늘날 교통 속도를 방해하는 요인인 느리고 다루기 힘든 모든 과업을 수행하게 될 것이다.

카페와 오락 장소들은 더 이상 파리의 보도를 잠식하는 곰팡이가 되지 않을 것이다. 모든 사치스러운 업종이 그렇게 되듯, 그것들은 옥상 테라스가 된 평지붕 위로 옮겨질 것이다(한 도시의 전체 면적이 사용되지 않고 타일과 별들 사이의 시시덕거림을 위해 보존된다면 너무나 비논리적이지 않는가?). 보행자는 일반 도로 위에 있

---

[4] 『랭트랑지장』, 1924년 11월 25일 : 더 길어진 오스만 대로. 지하철과 겹겹이 배치된 무거운 건물뿐만 아니라 온갖 도관을 그곳에 설치하기 위해 각 보도의 아래를 굴착하는 영국식 갱도들이 있다. 이 갱도는 전기공, 압축공기 취급자, 우편 전신 전화국 일꾼들이 자유롭게 드나들 수 있을 정도로 넓고 높다. 조명가스관도 수용할 만한 이 갱도들은 들어낼 수 있는 판으로 덮일 것이다. 그 결과, 이 특별한 지역의 혈관이나 신경관이 새거나 균열이 생기는 등 약간의 고장이 발생하더라도 보도를 파헤쳐 차도의 절반을 8일 동안이나 마비시키는 거대한 개복수술을 하지 않아도 될 것이다.

르 코르뷔지에, 철각보루형의 가로, 1920
아파트들이 면해 있는 드넓은 공간은 환기가 잘 되고 햇볕이 잘 든다. 주택의 발치에는 공원과 놀이터가 있다. 커다란 창이 있는 파사드는 매끈하다. 평면의 연속적인 돌출로 음영의 유희가 생긴다. 계획의 넉넉함과, 파사드의 기하학적 배경과 대조되는 초목에서 풍요로움을 느낄 수 있다. 여기에서 우리는, 탑상 건물의 경우에서처럼, 전체 구역을 건설할 수 있을 만큼의 거대한 재정 규모와 관련된 기획상의 문제에 부딪히게 될 것이다. 이와 같은 가로는 통일성과 장대함, 위엄과 경제성을 얻기 위해 단 한 명의 건축가에 의해 설계될 것이다.

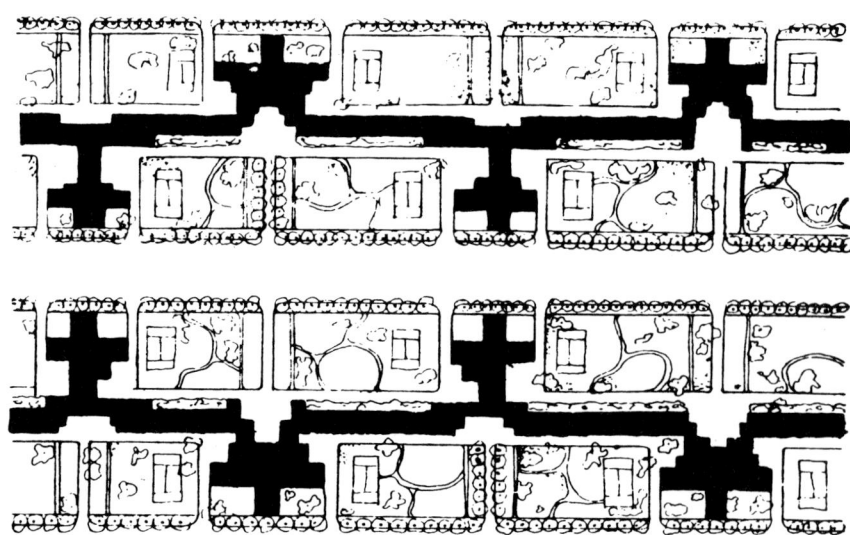

르 코르뷔지에, 철각보루형의 가로, 1920

는 교량 형상의 단거리 통행로를 통해 꽃과 초목이 심어진, 휴식을 취할 수 있는 이 새롭게 획득된 구역을 돌아다닐 수 있을 것이다.

이 개념은 도시의 통행 가능 면적을 세 배로 늘리는 것 이상의 의미가 있었다. **그것은 필요에 부응하고 저렴하며 오늘날 저질러지고 있는 탈선보다 더욱 합리적이기 때문에** 실현 가능하였다. 미래의 도시에서 탑형 도시의 개념이 건강한 것처럼, 그것은 우리 도시의 낡은 틀 안에서 건강한 생각이었다.

이제 여기서 우리는 도시계획에서 완전히 새로운 체계를 야기하고 주택이나 아파트에 근본적인 개혁을 제공할 가로의 배치를 갖게 된다. 국내 경제의 급변으로 절박해진 이 개혁은 주거용 건물을 위한 새로운 유형의 평면과 대도시에서의 현대적 생활에 부합하는 완전히 새로운 서비스 조직을 필요로 하였다. 여기서 다시 한 번 확인할 수 있는 것은 바로 평면이 생성원이라는 점이다. 평면 없이는 빈곤, 무질서 그리고 방종이 난무하게 된다.[5]

포장된 바닥 위에 깎아지른 듯이 서 있는 7층 높이의 건물로 장벽이 둘러쳐진 폭이 좁은 도랑 같은 거리와, 공기가 순환되지 않고 빛이 들어오지 않는 우물처럼 건강하지 못한 중정을 둘러싸고 있는 육중한 건물로 이루어진 도시를 계획하는 대신에 우리의 새로운 계획은 동일한 면적에 동일한 인구 밀도를 수용하되 연속적인 철각보루형으로 쌓은, 간선도로를 따라 뻗어 있는 거대한 건물 덩어리들을 보여 줄 것이다. 더 이상 건물로 둘러싸인 폐쇄적인 중정은 존재하지 않고, 모든 방향에서 공기와 빛이 들어올 것이다. 즉 현재의 대로를 따라 서 있는 병색 짙은 나무들이 아니라 푸른 초원, 놀이 공간과 풍성한 조림지가 내다보이는 아파트만 있게 된다.

이 거대한 블록의 머리부분은 긴 가로수길에 일정한 간격으로 점재해 있을 것이다. 철각보루형으로 쌓은 건물들은 건축적 표현에 유리한 그림자의 유희를 연출할 것이다.

철근 콘크리트를 사용한 축조는 건물 미학에 혁명을 가져왔다. 지붕을 없애고 테라스로 대체함으로써 철근 콘크리트는 지금까지 알려지지 않았던 평면의 새로운 미학으로 우리를 이끌었다. 철각보루형 쌓기와 우묵한 곳이 있도록 건설하는 것이 가능해졌다. 미래에는 꼭대기에서 바닥으로가 아닌 왼쪽에서 오른쪽으로,

---

5) 뒤에 다룰 '대량 생산 주택' 참조.

수평성이 강조되는 옅은 그림자와 짙은 그림자의 유희로 우리를 이끌 것이다.

　이것은 평면의 미학에서 가장 중요한 변화다. 사람들은 아직 그것을 깨닫지 못하고 있다. 지금이라도 도시 확장 계획안에 이를 고려한다면 유익할 것이다. 이에 대한 의문은 현재 준비중인 저서 『도시계획』에서 연구될 것이다.[6]

*　*　*

우리는 건설의 시기에, 새로운 사회적·경제적 조건에 재적응해야 하는 시대에 살고 있다. 우리는 갑岬을 돌아가고 있으며, 이때 우리 앞에 펼쳐지는 새로운 수평선은 기존의 방법론을 재검토하고 논리적으로 설정된 건설에서의 새로운 기반을 정착시켜야만 전통의 위대한 맥을 되찾을 수 있을 것이다.

르 코르뷔지에와 피에르 잔느레
오퇴이어Auteuil의 개인 저택에 있는 옥상 테라스의 정원

건축에서 낡은 건설 기반은 죽었다. 우리는 모든 건축적 표명을 위한 논리적 저변을 새로운 기반 위에 수립한 후에야 비로소 건축의 진리를 재발견하게 될 것이다. 이 기반을 창조하는 데 20년은 걸릴 것으로 보인다. 커다란 문제점을 안고 있는 시기, 분석과 실험의 시기, 새로운 미학이 생성되는 시기다.

우리가 연구해야 하는 것은 이러한 진화의 열쇠인 **평면**이다.

---

6) 이 책은 1925년에 발간되었다.

LES TRACÉS RÉGULA

조정선

TEURS

블롱델, 생 드니 문

건축의 필연적 요소.
질서의 필요성.
조정선은 독단에 대항하는 보증이다. 그것은 정신의 만족을 가져온다.
조정선은 목적을 위한 수단이지 비법이 아니다. 그것의 선택과 표현 방식은 건축적 창조에서 없어서는 안 될 부분이다.

원시인은 수레를 멈춰 세우고 그곳에 정착하기로 결정했다. 그는 숲 속의 빈터를 택하여 가까이 있는 나무들을 베어내고 주변의 땅을 평탄하게 고른다. 그는 강에 가거나 방금 전에 떠나왔던 부족 사람들과의 왕래를 위해 길을 닦는다. 그러고 나서 텐트를 고정시키기 위해 말뚝을 박는다. 주위에 말뚝 울타리를 치고 거기에 출입구를 낸다. 도구와 일손과 시간이 허락하는 만큼 길을 곧게 낸다. 텐트를 고정시키는 말뚝들은 정사각형, 육각형 또는 팔각형으로 박힌다. 울타리의 네 모서리는 직사각형을 형성한다. 그의 오두막 문은 울타리의 축 상에 있다. 울타리의 문은 오두막의 출입구와 마주보고 있다.

부족 사람들은 정갈한 곳에 자신들의 신神을 모신다. 견고한 오두막 안에 신을 모셔 두고 오두막의 말뚝을 정사각형으로, 육각형으로, 팔각형으로 박는다. 튼튼한 말뚝 울타리로 그 오두막을 보호하고 말뚝을 박아 키가 큰 울타리 기둥들에 매인 밧줄들을 고정시킨다. 사제를 위한 공간임을 표시하고 제단을 설치하고 제물을 마련한다. 말뚝 울타리에 문을 내는데, 이 문은 지성소 문의 축 상에 있다.

여러분은 아마도 어느 고고학 책에서 이러한 오두막과 지성소를 그린 그림을 본 적이 있을 것이다. 그것은 주택의 평면이거나 사원의 평면으로, 폼페이 주택들에서 다시 발견하게 되는 정신이요, 진정 룩소르Luxor 신전의 정신이다.

거기에는 원시인 같은 존재는 없고 원시적 수단만 있을 뿐이다. 아이디어는 불변의 것으로, 처음부터 잠재해 있는 것이다.

기본적인 수학적 계산이 지배하고 있는 이 평면들은 척도의 산물이다. 잘 짓기 위해, 자신들의 수고를 고루 배분하기 위해, 작업의 확실성과 효율성을 위해 척도를 이용하여 모든 크기를 결정한다. 건설자는 나름의 기준 척도의 수단으로 자신의 보폭, 발 길이, 팔꿈치 길이, 뼘 같은 가장 쉬우면서도 정확한, 잃어버릴 염려가 거의 없는 도구를 택한다.

잘 짓기 위해, 자신들의 수고를 고루 배분하기 위해, 작업의 확실성과 효율성을 위해 건설자는 척도를 택하고 모듈을 정했으며, 자신의 작업을 조정했고 거기에 질서를 부여했다. 왜냐하면 덩굴 식물과 찔레, 나무 줄기들로 이루어진 무질서한 숲이 그의 작업과 노력을 방해하고 무력하게 했기 때문이다.

그는 측량을 통해 질서를 부여했다. 측정하기 위해 그는 보폭과 발, 팔꿈치와 손가락을 사용했다. 자신의 발이나 팔의 질서를 부여함으로써 그는 작품 전체를 통제하는 모듈을 창안했다. 따라서 그것은 자신의 척도, 사정, 편의, **측정** 등에

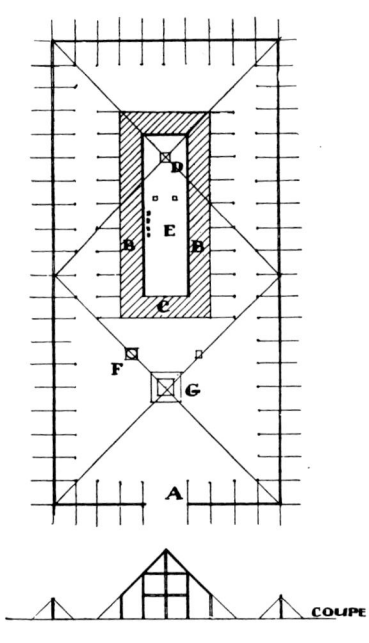

원시적인 사원
A-입구
B-주랑 현관
C-열주랑
D-지성소
E-경배 도구
F-제기祭器
G-제단

단면

따라 만들어졌다. 그것은 **인간적 척도**로 이루어진 것이다. 또한 그것은 그와 조화를 이룬다. 이것이 중요한 논점이다.

그는 울타리와 오두막의 형태 및 제단과 그 부속물들의 위치를 정하면서 본능적으로 직각과 축, 정사각형과 원형에 의존했다. 창조하고 있다는 느낌을 주는 다른 어떤 것을 창안해 낼 수 없었기 때문이었다. 축, 원, 직각 등은 기하학적 진실이며, 우리의 눈이 측정하고 인지할 수 있는 결과를 가져다주기 때문이다. 그렇지 않다면 그것은 우연적이고 불규칙적이고 임의적이었을 것이다. 기하학은 인간의 언어다.

그는 여러 사물 간의 거리를 정하면서 시각적으로 지각할 수 있고 서로의 관계에 있어 명쾌한 리듬을 창안했다. 인간 활동의 근간을 이루고 있는 이러한 리듬은 유기적 필연성, 즉 어린이, 노인, 미개인과 지식인 등 누구나 황금 분할을 추종하게 되는 바로 그 훌륭한 필연성을 통해 인간의 내부에 울려퍼진다.

모듈은 측정하고 통합한다. 조정선은 건설하고 만족시킨다.

* *
*

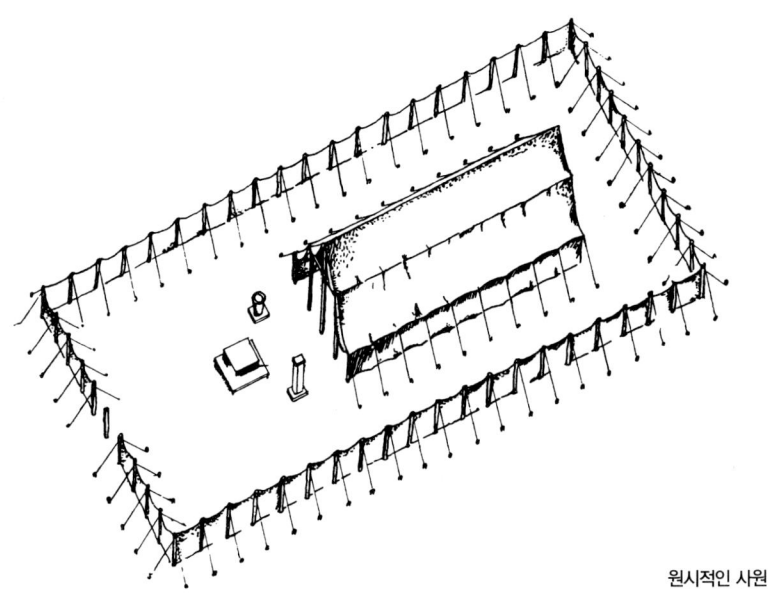

원시적인 사원

오늘날 건축가 대부분은 위대한 건축이 인류의 기원에 뿌리를 두고 있으며 인간 본능의 직접적인 작용이라는 사실을 잊어버린 것이 아닌가?

파리 교외의 작은 집들과 노르망디 언덕의 저택들, 현대적인 대로와 만국 박람회를 보면[역주18] 건축가들이 질서의 밖에 있는, 우리의 본성과는 멀리 떨어진, 그래서 마치 다른 행성을 위해 일하는 비인간적인 존재라는 확신이 들지 않는가?

왜냐하면 그것들 사이에 더 이상 아무런 공통점도 없고 무엇인가에 유용하게 되리라는 목적도 결과도 없는 요소들(지붕, 창, 문 등)을 세우고 고정시키기 위해 타인들—석공, 목공 또는 가구 제작자들—로 하여금 인내와 고민과 숙련이 가져다주는 기적을 수행케 하는 이상한 일을 건축가들이 배웠기 때문이다.

*
* *

이러한 이유로 세상 사람들은, 원시인으로부터 얻은 교훈을 이해하고 자신의 내면에 조정선이 존재한다고 주장하는 몇몇 사람을 위험한 허풍쟁이, 도피주의자, 무능력자, 둔하고 편협한 인물들로 간주하는 데 동의한다.

"당신의 조정선은 당신의 상상력을 말살할 것이며, 당신은 그 비법을 우상처럼 받들게 될 것이오."

"그러나 앞선 모든 시대를 통해 조정선은 없어서는 안 될 도구로 사용되어 왔습니다."

"그것은 진실이 아니오. 그것을 창안한 것은 당신이오. 당신은 편집광이오!"

"그러나 과거는 인간이 이 도구를 사용해 왔음을 보여 주는 증거물로 도상학적 문헌, 돌기둥, 석판, 조각된 돌, 양피지, 필사본, 인쇄물 등을 우리에게 남겨 주었습니다."

*
* *

건축은 자신의 세계를 자연의 이미지를 따라 창조하면서, 우리의 본성과, 우리의 세계를 지배하는 자연의 법칙을 따르는 인간의 첫번째 표현이다. 중력의 법칙과 정역학 및 동역학 법칙에서는 불합리성을 감소시켜 나갈 것이 절실히 필요하다. 무게를 지탱하지 못하면 붕괴하기 때문이다.

극단적인 결정론^{역주19}은 자연적 창조물을 우리에게 조명해 주며, 균형 잡히고 합리적으로 만들어진 그 무엇, 끝없이 조정되고 진화되고 다양화되고 통합된 것의 안정성을 우리에게 제공한다.

원시 물리 법칙은 단순하고 그 수가 매우 적다. 도덕적 법칙도 마찬가지다.

*
* *

오늘날 인간은 단 몇 초 만에 기계대패로 널빤지를 완벽할 정도로 평평하게 다듬는다. 과거에 인간은 손대패로 널빤지를 평평하게 깎았다. 원시인은 부싯돌이나 칼을 사용하여 널빤지를 엉망으로 깎았다. 원시인은 작업을 쉽게 하기 위해 모듈과 조정선을 활용했다. 그리스 인, 이집트 인, 미켈란젤로 또는 블롱델은 작품을 수정하고 자신들의 예술적 감각과 수학적 사고를 만족시키기 위해 조정선을 사용했다. 오늘날 인간은 아무것도 사용하지 않고 라스파일 대로를 만든다. 그리고는 스스로 자유로운 시인이며 자신의 본능은 충족되고 있다고 주장한다. 그러나 그는 학교에서 창의력은 고갈된 채 능란하기만 한 기교를 드러낼 뿐이다. 자신이 창안하거나 통제하지도 않은 어떤 것을 알고 있는, 그가 받은 교육으로 인해 끊임없이 "왜?"라고 묻는 어린이들의 영리하고 생기 넘치는 에너지를 잃어버린, 목에 굴레가 씌워진, 화가 잔뜩 난 서정시인인 것이다.

※ ※

조정선은 독단에 대항하는 보증이다. 이것은 열정을 가지고 만들어 낸 모든 작품을 검증하는 확인 작업이며, 초등학생의 구구단이나 수학자의 증명과도 같다.

    조정선은 창의적이고 조화로운 관계 추구로 이끄는 정신적 질서를 만족시킨다. 그것은 작품에 조화를 부여한다.

    조정선은 질서를 잘 인식하게 해주는 섬세한 수학을 불러온다. 조정선의 선택은 작품의 기본적인 기하학을 결정한다. 그러므로 그것은 기본적인 인상 가운데 하나를 결정한다. 또 그것은 영감이 작용하는 결정적인 순간 가운데 하나이자 건축의 주요 전략 가운데 하나다.

※ ※

여기에 매우 아름다운 것들을 만드는 데 사용되고 그것들이 매우 아름답게 된 이

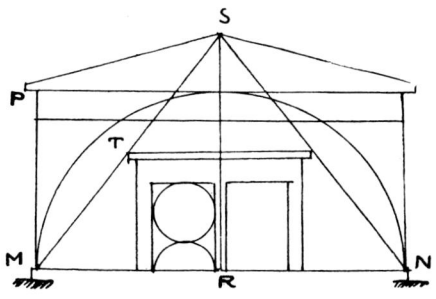

피라에우스 병기고의 파사드 1882년에 발견된 대리석 판에서

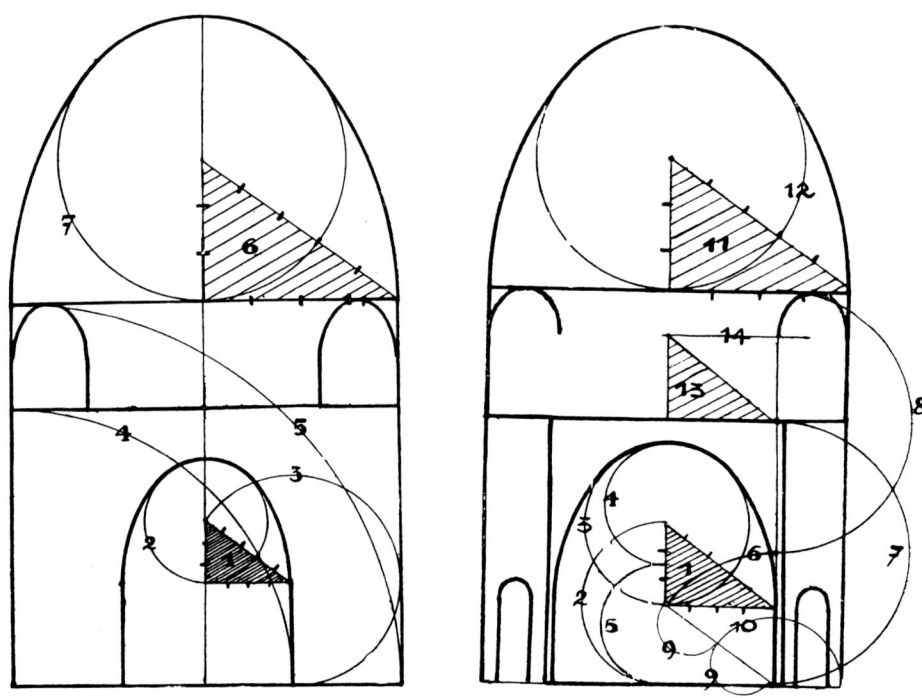

아캐미니언식 둥근 천장의 조정선 디우라푸아Dieulafoy의 책에서 발췌

유인 조정선이 있다.
   피라에우스 병기고의 파사드는 높이를 균형 있게 설정하고 파사드 자체의 비례와 긴밀한 관계하에 문의 위치와 크기를 결정하는 등의 몇 가지 간단한 분할에 따라 결정되었다.

커다란 아캐미니언Achaemenian[역주20]식 둥근 지붕은 기하학이 성취한 가장 미묘한 결과물 가운데 하나다. 일단 둥근 지붕의 개념이 아캐메니아 족과 당시의 시적 요구에 부응하여, 또한 그곳에 적용된 구축 원리의 정역학적 자료에 부응하여 설정되면, 조정선은 모든 부분들을 삼각형 3, 4, 5와 동일한 통합 원리에 따라 수정하고 고치고 정리하고 어울리게 하므로 주랑 현관에서 궁륭의 꼭대기까지 그 효과를 발전시키고 있다.

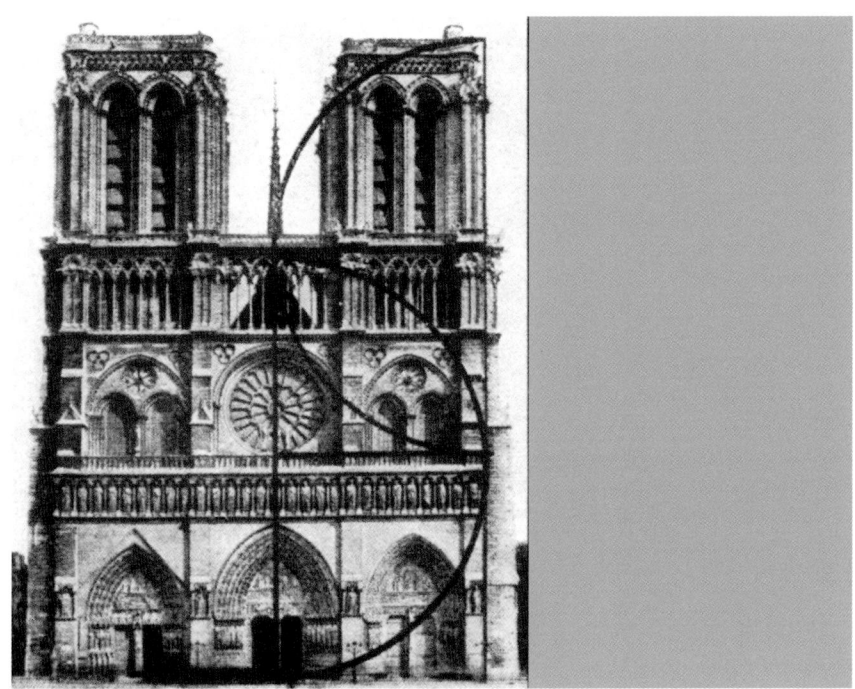

파리의 노트르담 대성당

파리 노트르담 대성당에서의 운율 :

대성당의 주 파사드는 정방형과 원에 기반을 두고 있다.[7]

카피톨Capitol 언덕의 주피터 신전 사진에 나타나는 조정선 :

미켈란젤로의 의도를 명확하게 하기 위하여 직각을 이용, 건물을 중심부와 양단으로 크게 분리한 것과 동일한 원리로 양단의 디테일과 계단의 기울기, 창의 위

---

7) 노트르담 대성당과 생 드니 문에서, 공공건물과 도로를 관리하는 토목담당관에 의해 그 후에 일어난 지층에서의 변화에 주의해 보라.

카피톨 언덕의 주피터 신전, 로마

치와 저층부의 높이 등이 결정되었다.

볼륨 및 주변 공간과 연계되어 파사드가 매혹적으로 배분된 이 작품은 현장에서 고안되었는데, 스스로 축적되고 집중되고 통합되어 전체를 통해 동일한 법칙을 표현하며 당당해진다.

생 드니 문에 대한 블롱델의 기록에서 발췌 :
(이 장의 맨 앞에 있는 그림을 보라.)

기본 매스가 결정되고 문의 개구부가 그려진다. 3을 모듈로 한 대담한 조정선은 문 전체를 나누고, 높이와 폭에서 작품의 여러 다른 부분들을 분할하며, 같은 숫자로 통일성을 갖고 전체를 조정한다.

프티 트리아농 Petit Trianon :
직각의 활용

프티 트리아농, 베르사이유

저택의 구성(1916) :

전면과 후면 파사드의 전반적인 매스는 대각선을 규정하는 동일한 각도(A)에 근거하여 구성되었는데, 이 사선과 평행하는 많은 선들과 직교하는 선들은 문, 창, 판벽널 등과 같은 부차적인 요소들에서조차 세세한 디테일의 수정을 위한 기준을 제공한다.

   규칙 없이 세워진 건물들 사이에 위치한 이 작은 규모의 저택은 그렇기 때문에 더욱 기념비적이며 색다른 질서의 효과를 가져온다.[8]

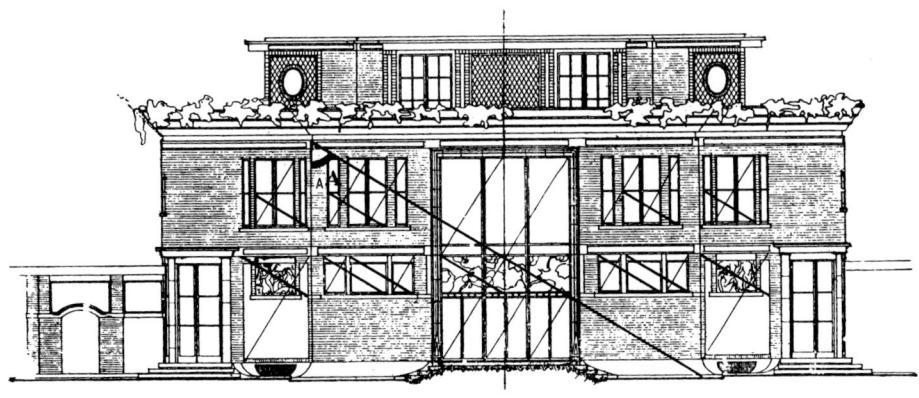

르 코르뷔지에, 저택의 파사드, 1916

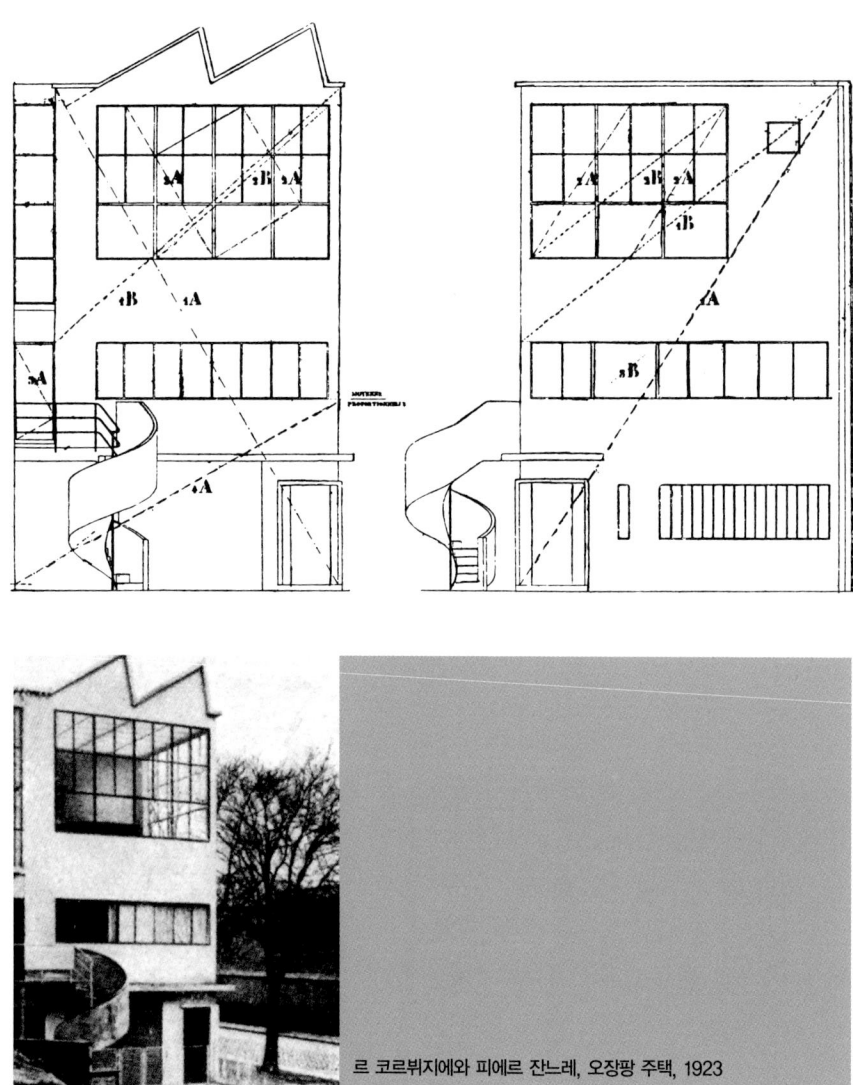

르 코르뷔지에와 피에르 잔느레, 오장팡 주택, 1923

---

8) 여기서 나의 작품을 예로 든 것을 사과한다. 다른 예들을 찾기 위해 조사했지만 아직까지 이러한 질문에 관심을 갖는 현대 건축가를 만나는 즐거움을 누리지 못했다. 나는 이 주제에 대해 경악하거나 적대적이고 회의적인 태도를 보았을 뿐이다.

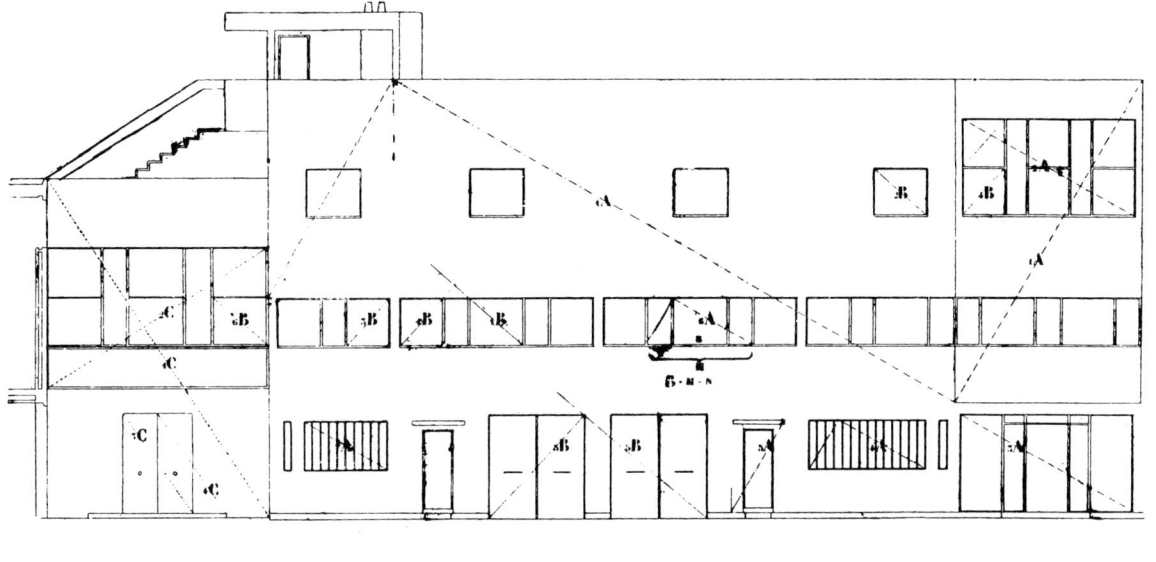

르 코르뷔지에와 피에르 잔느레, 오퇴이어에 있는 두 주택, 1924

르 코르뷔지에, 저택의 배면 파사드, 1916

… DES YEUX NE VOIENT

I. LES PAQUEBOTS

보지 못하는 눈

I. 대형여객선

KQUI

PAS...

대형 여객선 '플랑드르', 대서양횡단회사

위대한 시대가 막 시작되었다.
거기에는 새로운 정신이 존재한다.
새로운 정신으로 충만한 다수의 작품들이 특히 산업 생산품에서 나타나고 있다.
건축은 관습에 숨이 막힌다.
'양식들styles'은 거짓이다.
양식style은 한 시대의 모든 작품에 생기를 불어넣는, 통일성 있는 원리를 말하며,
그 결과 다른 시기와 구별되는 특징 있는 정신 상태를 낳는다.
우리의 시대는 날마다 자신의 양식을 결정짓는다.
불행하게도 우리 눈은 아직 그것을 분별할 줄 모른다.

새로운 정신이 있다. 그것은 명쾌한 개념에 의해 인도되는 건설과 종합의 정신이다.

사람들이 어떻게 생각하든, 이 정신은 오늘날 인간 활동의 많은 부분에 생기를 불어넣는다.

위대한 시대가 막 시작되었다

『에스프리 누보』의 프로그램, 제1호, 1920년 10월

오늘날 누구도 현대 산업의 창조물에서 발산되는 미학을 부정할 수 없다. 건물들과 기계들은 비례를 점점 더 중시하고, 볼륨과 재료의 유희로부터 생겨났으며, 숫자에 근거하기 때문에, 다시 말해 질서를 바탕으로 한 것이므로 그 가운데 많은 것은 진짜 예술품이다. 그런데 산업세계와 사업세계를 주도한 결과 부정할 수 없을 만큼 아름다운 작품들을 창조해 내는 씩씩한 환경에서 사는 특정 엘리트들은 스스로 모든 미적 활동과 동떨어져 있다고 상상한다. 그러나 그 상상은 잘못된 것이다. 왜냐하면 **그들은 현대 미학의 가장 활동적인 창조자에 속하기 때문이다.** 예술가도 사업가도 이 점을 생각하지 못하고 있다. 한 시대의 양식은 자주 언급되었다시피 일반적인 예술 생산품에서 발견되는 것이지, 사고 체계에 지나친 부담을 지우고 홀로 양식의 구성 요소들을 공급하는, 과다함일 뿐인 장식적인 성격의 어떤 생산품에서 발견되는 것이 아니다. 로카유rocaille 장식은 루이 15세 때 양식이 아니며, 연화문lotus은 이집트 양식이 아니다.

『에스프리 누보』에서

'장식예술'이 만연하고 있다! 30년간의 은밀한 작업을 거쳐 지금은 전성기에 이르렀다. 열광적인 해설자들은 프랑스 예술의 부활에 대해 말하고 있다. (나쁜 결과로 끝날) 이 모험에 대해 우리가 기억해야 할 것은 장식의 부활, 그 이상의 무엇인가가 태어나고 있다는 점이다. 새로운 시대가 죽어 가는 시대를 대체하고 있다. 인간사에서 새로운 요소인 기계는 새로운 정신을 일으켜 왔다. 한 시대는 자신의 건축을 창조한다. 이 건축은 사고 체계의 선명한 이미지다. 이 위급한 시대의 혼란 속에서, 질서 있고 분명하고 투명한 아이디어와 명확한 욕구를 가진 새로운 시기가 정착될 때까지, 장식예술은 물에 빠진 사람이 폭풍우 속에서 부여잡아야만 하는 지푸라기와 같은 것이다. 너무나 허망한 구원이 아닌가! 장식예술이 과거를 쫓아내고 건축 정신을 암중모색하게 되는 적절한 기회였다는 정도로 이 모험을 그만두자. 건축 정신은 오직 물질적 상태와 심리적 상태의 결과로 생겨난다. 그 시대의 심리적 상태를 확인시키고 건축 정신을 명백히 인식시키기 위해 여러 사

건이 신속하게 잇따라 일어나는 것처럼 보인다. 비록 장식예술이 지금 추락 직전의 위험한 정점에 있을지라도 그것이 갈망하는 것이 무엇인지를 알 수 있게끔 오늘날 인간의 마음을 움직여 왔다고 말할 수 있다. 건축의 시간이 찾아왔음을 믿어도 좋을 것이다.

　장식예술을 선호하였던 증인들로 잘못 인용되곤 했던 그리스 인, 로마 인, 루이

폴 베라Paul Véra, 천장에 매달린 장식물(르네상스)

14세 시대, 파스칼과 데카르트는 우리의 판단력을 밝혀 주었으며, 우리는 지금 너무나 중요한, 장식예술이 아닌 건축 안에 자신이 있음을 발견하게 된다.

　천장에 매달린 장식물들, 램프와 꽃무늬 장식, 삼각형 배치로 앉은 비둘기가 서로 입맞추는 무늬가 있는 정교한 타원형 천장, 황금색과 흑색의 벨벳 방석으로 장식된 부인들의 내실은 이제 단지 죽은 정신에 대한 참을 수 없는 증거일 뿐이다. 코카인으로, 또는 '시골뜨기 예술'의 아둔함으로 질식할 것만 같은 이 성역들은 우리를 모욕한다.

　우리는 신선한 공기와 맑은 햇빛에 대한 심미안을 갖게 되었다.

* *　*

　익명의 엔지니어들과 지저분한 기름에 절은 철공소의 수리공들은 대형 여객선이

3600명 정원의 아키타니아Aquitania여객선, 큐나드Cunard 항로 정기선

라는 놀라운 작품을 고안하고 건조하였다. 이해력이 부족한, 육지에 사는 우리가 이 '혁신적인' 작품에 경의를 표하는 법을 스스로 깨우치려고 몇 킬로미터에 이르는 여객선 내부를 도보로 방문해 보는 기회를 가질 수 있다면 행복할 것이다.

* *
*

건축가들은 학교 교육의 협소한 한계 내에서 살기 때문에 새로운 건설 규정에 대해 무지하다. 그들은 자신들의 개념이 입맞춤하는 비둘기에 머물러 있기를 기꺼이 원하고 있다. 그러나 우리의 과감하고 박식한 대형 여객선 제작자들은 성당쯤은 아주 왜소하게 보일 정도의 궁전을 만들고, 그 궁전을 바다에 띄운다!

건축은 관습에 숨이 막힌다.

유리나 벽돌로 만든 얇은 칸막이만으로 50층 높이 건물의 1층을 둘러칠 수 있는데도, 과거에나 필요했던 두꺼운 벽이 현재에도 여전히 사용되고 있다.

프라하와 같은 도시의 낡은 법규를 예로 들면, 건물 최상층의 벽두께는 45cm가 필요하고 그 아래층마다 두께가 15cm씩 추가된다. 그 결과 지상 1층의 벽두께가 150cm까지 되기도 한다. 오늘날도 파사드를 구성할 때 덩어리가 크고 무른 석재를 사용하여 이같이 불합리한 결과를 초래하고 있다. 창은 두꺼운 벽두께로 인해 깊은 벽에 뚫린 구멍처럼 가둬진 꼴이 되어 빛을 끌어들이고자 고안한 창의 의도에 정면으로 배치되는 결과를 낳았다.

아키타니아 Aquitania 여객선, 큐나드 항로 정기선

    간단한 콘크리트 기둥만으로도 동일한 효과를 거둘 수 있는데, 대도시의 값비싼 땅 위에는 여전히 건물의 기초로 쓰인 육중한 석재 파일이 솟아 있음을 볼 수 있다. 지붕들, 이 비루한 지붕들이 아직도 쓰이고 있다는 것은 도저히 설명할 길이 없는 역설이다. 지금 당장 실행될 수 있는 논리적 개념이 해결책을 가져올 수 있는데도 지하실은 여전히 습하고 혼잡하며, 도시의 각종 배관은 마치 죽은 기관들처럼 포장석 밑에 묻혀 있다.

    건축가의 가장 큰 공헌으로서 '양식들'이 개입한다. 건축가가 뭔가 할 일이 있어야 했기 때문이다. 그들은 파사드와 응접실의 장식에 끼어들었다. 이것은 '양식'의 퇴화이며, 낡은 시대의 보잘것없는 유물이다. 이것은 과거에 대한 경외심과 비굴함으로 하는 "차렷, 꼼짝 마!"이다. 염려스러운 겸손인 것이다. 이것은 거짓이다. 왜냐하면 '아름다운 시대'에는 양호한 인간적 비례를 가진 창들이 규칙적으로 뚫린 파사드가 매끈하였기 때문이다. 벽은 가능한 한 얇게 만들어졌다. 궁전은 당시의 대공大孔에게나 걸맞은 것이다. 그러나 오늘날 제대로 교육받은 신

르 라모리시에르 Le Lamorciére, 대서양 항로 정기선 회사
건축가들에게 : 더욱 기술적인 아름다움. 오, 끔찍한 오르세 역이여! 진실한 원인에 더욱 가까운 미학!

사 가운데 그 누가 과거의 대공을 모방할 것인가? 콩피에뉴Compiégne, 샹티Chantilly, 베르사이유 궁전은 특정한 각도에서는 볼 만하지만, 그러나 거기에 대해서는 할 말이 많다.

   가톨릭 감실龕室 같은 주택, 주택 같은 감실, 궁전(박공, 조각상, 토르소 기둥 또는 토르소 홈(들보에 수직부재를 끼우기 위한 홈)) 같은 가구, 가구-주택 같은 손잡이가 달린 물병과 쿠키 세 개조차 담을 수 없는 베르나르 팔리시 Bernard Palissy^{역주21}의 접시들이여!

   '양식들'은 지속되고 있다.

※ ※

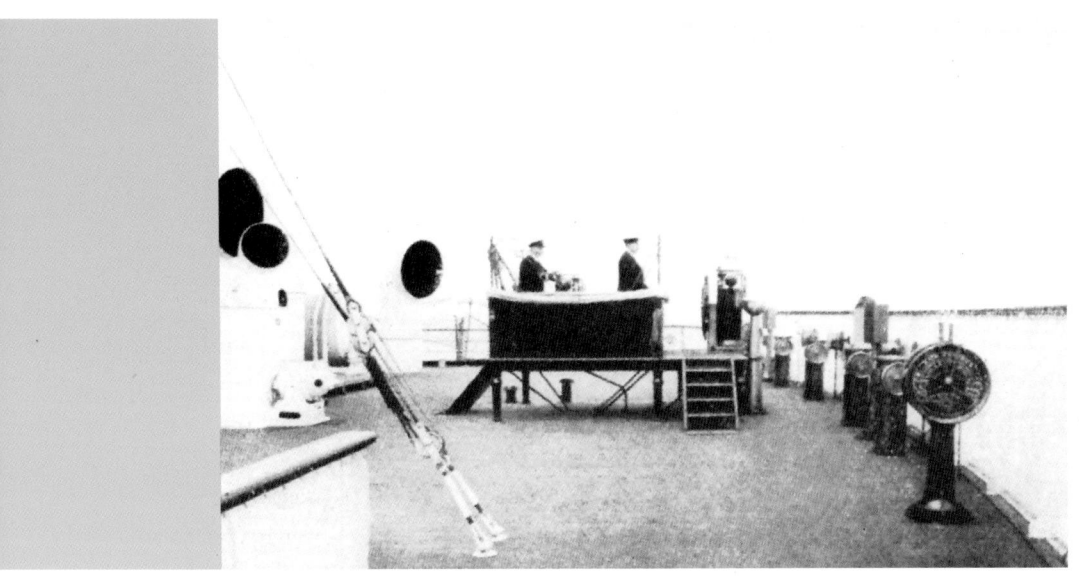

아키타니아 여객선, 큐나드 항로 정기선
당신의 영국식 파이프와 사무용 가구, 리무진이 지닌 것과 동일한 미학

아키타니아 여객선, 큐나드 항로 정기선
건축가를 위하여 : 전면창, 햇빛이 충분한 방. 이것은, 한쪽 벽에 구멍을 내어 방은 전체적으로 음산하고, 정작 빛이 들어오는 곳은 너무 밝아 이를 부드럽게 하기 위해서는 반드시 커튼이 필요하고, 각 방향으로 그림자 대帶를 형성시키는 우리 주택의 창과 얼마나 대조적인가!

생 나자르 Saint-Nazare 조선소에서 건조된 대형 여객선 프랑스 France 호

훌륭한 비레, 이것을 보고 비시 Vichy 궁전, 체르마트 Zermatt 궁전 또는 비아리츠 Biarritz 궁전 그리고 파시 Passy의 새로운 기둥에 대해 금금이 생각해 보자.

아키타니아 여객선, 큐나드 항로 정기선
건축가들에게 : 노르망디의 모래 언덕 위에서 이 선박처럼 고안된 저택은 너무나 오래되고 낡았으며, 거대한 '노르망드식 지붕'보다 더욱 잘 어울릴 것이다! 그러나 어쩌면 사람들은 이것이 바다와 관련한 양식이 아니라고 우길 수도 있을 것이다!

아키타니아 여객선, 큐나드 항로 정기선
건축가들에게 : 긴 산책로의 가치, 만족스럽고 재미있는 볼륨. 재료의 통일성, 위생적으로 노출되어 있고 통일성 있게 조합된 구축 요소들의 아름다운 배열

르 라모라시에로, 대서양 항로 정기선 회사

건축가들에게 : 건축의 새로운 형태, 넓으면서도 친근감 있는 인간적 척도의 요소들, 숨막히는 양식들로부터의 자유,
체음과 비움, 강한 매스와 섬세한 요소들의 대비

엠프리스 오브 프랑스 Empress of France, 캐나디안 퍼시픽 Canadian Pacific 사
순수하고 명확하고 맑고 적절하고 위생적인 건축. 우리의 카펫, 방석, 천개天蓋, 벽지, 조각을 하고 금박을 입힌 가구, 퇴색하고 억지로 꾸민 색채와의 대조. 우리네 서양식 상점의 음산함

주택은 욕조, 태양, 온수, 냉수, 자유로운 난방, 음식의 보존, 위생, 비례를 활용한 아름다움 등을 갖춘 살기 위한 기계다. 의자는 앉기 위한 기계다. 메플Maple이 그 방법을 보여 주었다. 손잡이가 달린 물병은 씻기 위한 기계다. 트위포드 Twyford가 그것들을 창안하였다.

   우리의 현대 생활, 우리의 모든 활동이 능동적이고 준비가 되어 있을 때(우리가 피나무 꽃의 탕약과 카밀레 꽃을 달인 차를 마시는 시간을 빼놓고는), 우리는 우리를 위한 도구를 창조하였다. 의상, 만년필, 샤프 펜슬, 타자기, 전화기, 칭송할 만한 사무용 가구, 판유리와 '기술 혁신' 트렁크, 질레트 면도기와 영국식 파이프, 중산모와 리무진, 대형 여객선과 비행기가 그것이다.

   우리 시대는 매일 그 자신의 양식을 정착시켜 가고 있다. 그것은 우리의 눈앞에 있다.

   보지 못하는 눈들이여.

엠프리스 오브 아시아 Empress of Asia, 캐나디안 퍼시픽 사
"건축은 빛 아래에 볼륨들을 숙련되고 정확하고 장엄하게 모으는 작업이다."

* * *

오해를 일소시켜야 한다. 우리는 장식에 대한 존중과 혼동된 예술로 인해 썩어가고 있다. 이는 자신의 시대를 이해하지 못하는 장식가들이 주도하는 이론과 운동을 이용하여, 모든 면에서 비난받아 마땅한 경박스러움과 합체되어, 예술적 감각이 강제로 퇴거된 것이다.

    예술은 신성한 순간을 지닌 엄숙한 것이다. 우리는 그 신성한 순간을 모독하고 있다. 경박한 예술은 조직, 도구, 방법 들을 필요로 하는, 새로운 질서의 안정을 위해 고통 속에서도 경주하는 세상을 향해 추파를 던진다. 사회는 우선 빵과 태양, 필요한 안락함으로 영위된다. 모든 것은 미완성인 채로 남아 있다! 어마어마한 과업이다! 그리고 그것은 너무나 긴요하고 절박하여 전세계는 이 긴급한 필요성에 골몰해 있다. 기계는 작업과 여가의 관점에서 우리를 새로운 질서로 이끌어 갈 것이다. 전체 도시들은 최소한의 안락함을 위해 건설되거나 재건되어야 한다. 만약 최소한의 안락함마저 보장해 주지 못한다면 사회의 균형이 붕괴될 수도 있기 때문이다. 사회는 불안정하며, 지난 600년이 세계의 얼굴을 바꾼 것보다 더 많은 진보를 가져온 최근 50년 동안의 혼란으로 균열이 생기고 있다.

어리석은 짓을 위한 시간이 아닌 건설을 위한 시간이 무르익어 가고 있다.

우리 시대의 예술은 그것이 엘리트들에게 말을 걸 때 적합한 기능을 수행한다. 예술은 대중적인 것이 아니며, '고급 창녀'들을 위한 것은 더더욱 아니다. 예술은 앞장서서 인도해 나갈 수 있기 위하여 심사숙고해야 할 엘리트들에게만 필요한 음식이다. 예술은 본질적으로 거만한 것이다.

* *
*

현재 형성중인 이 시대의 고통스러운 분만은 조화가 결핍되어 있음을 입증한다.

우리의 시야가 열리기를. 이 조화는 **경제성**에 의해 지배되고 물리적 필요성에 따라 조절된 작품의 결과물을 통해 이미 존재한다. 이 조화에는 근거가 있다. 그것은 결코 변덕의 소치가 아니라 주위 세계와 어울리는 논리적이고 일관성 있는 건설의 결과다. 인간사의 과감한 변천 속에서 자연은 과제가 어려웠던 만큼 더욱 더 엄격하게 존재해 왔다. 기계 기술의 창조물은 순수를 지향하며 우리의 감탄을 자아내는 자연의 객체들과 동일한 진화법칙을 따르는 유기체다. 작업장이나 공장에서 나오는 제품에는 조화가 내재되어 있다. 그것은 예술에서 비롯된 것이 아니고, 시스틴 성당 Sistine Chapel이나 에렉테이온도 아니다. 그것은 양심, 지성, 정확성, 상상력, 과감성과 엄격함으로 전세계에서 만들어지는 일상적인 작품들이다.

* *
*

대형 여객선이 수송을 위한 기계라는 사실을 잠시 잊고 그것을 새로운 시각으로 바라보면, 우리는 조용하면서도 생명력이 넘치고 강한, 대담성과 단련, 조화와 아름다움의 중요한 발현과 대면하고 있음을 느끼게 될 것이다.

건축가로서(유기체의 창조자로서) 대형 여객선을 바라보는 신중한 건축가는, 유구하지만 경멸해야 마땅한 과거에 대한 노예 근성으로부터 자유로워짐을 대형 여객선에서 발견하게 될 것이다.

그는 전통에 대한 게으른 경의보다는 자연의 힘에 대한 존중을 선호할 것이다. 평범한 개념이 갖는 편협함보다는 명료하게 진술된 문제에서 나온 해결—거대한 일보를 내디딘 엄청난 노력을 필요로 하는 해결—의 장엄함을 더 좋아할 것이다.

지구인의 주택은 제한된 세계의 표현이다. 대형 여객선은 새로운 정신에 부응하여 조직된 세계가 이룩한 첫번째 성취다.

DES YEUX NE VOIENT

II. LES AVIONS

보지 못하는 눈

II. 비행기

KQUI

PAS...

사진 : 드레저Dræger

비행기는 수준 높은 선택에 따른 산물이다.
비행기가 주는 교훈은 문제를 파악하고 그것을 깨닫게 하는 논리에 있다.
주택의 문제는 아직 제기되지 않았다.
건축에서의 현재 관심사들은 더 이상 우리의 요구에 부응하지 않는다.
그러나 주거를 위한 표준은 존재한다.
기계류는 자체에 이미 선택을 요구하는 경제적 요인을 내포하고 있다.
주택은 살기 위한 기계다.

새로운 정신이 있다. 그것은 명쾌한 개념에 의해 인도되는 건설과 종합의 정신이다.

사람들이 어떻게 생각하든, 이 정신은 오늘날 인간 활동의 가장 큰 부분에 생기를 불어넣는다.

위대한 시대가 막 시작되었다

『에스프리 누보』의 프로그램, 제1호, 1920년 10월

건축과 관련한 직업은 진보를 필요로 하지 않고, 태만이 만연해 있으며 항상 과거의 것을 표본으로 하는 유일한 직업이다.

건축 외의 다른 모든 분야에서는 끊임없이 미래에 대한 걱정을 하며 해결책을 찾아가고 있다. 만약 전진하지 않는다면, 파산에 이르고 말 것이기 때문이다.

그러나 건축에서는 파산이란 없다. 아, 선택받은 직업이여!

* * *

비행기는 의심할 여지없이 현대 산업의 영역 가운데 가장 수준 높은 선택이 이룬 생산품 가운데 하나다.

전쟁은 결코 만족하지 못하고 언제나 더 나은 것을 요구하는 탐욕스러운 고객이었다. 명령은 성공하라는 것이었으며, 실패했을 때에는 가차없이 죽음이 뒤따랐다. 따라서 우리는 비행기가 발명을, 지성과 과감함을, 즉 **상상력과 차가운 이성**을 동원하였음을 확신할 수 있다. 그것은 파르테논을 건설한 정신과 동일한 것이다.

* * *

건축의 관점에서, 그러나 비행기 발명가의 마음가짐으로 실체를 들여다보자.

비행기가 주는 교훈은 기본적으로 그것이 만들어진 형태에 있는 것이 아니다. 우리는 비행기를 통해 새나 잠자리를 떠올리기보다는 비행을 위한 기계로 보는 법을 배워야 한다. 즉 비행기를 통해 얻는 교훈은 제기된 문제를 맡아 그것을 성

급행 비행기 | Air Express

공적으로 실현할 수 있도록 이끄는 논리에 있다.

주택의 문제는 아직 제기된 바 없다.

＊
＊ ＊

(젊은) 건축가들 사이에서 흔히 **구조를 부각시켜야 한다**는 말을 한다.

건축가들 사이에 또 다른 유행어는 **어떤 사물이 필요에 대응했을 때 그것은 아름답다**는 말이다.

실례! 구조를 내보이는 것은 자신의 능력을 뽐내고 싶어하는 공예학교 학생들에게나 중요한 일이다. 하느님은 우리의 손목과 발목을 잘 부각시켰지만 나머지는 부각됨이 없이 그대로 있다.

어떤 사물이 필요에 대응했다고 해서 아름다운 것은 아니다. 그 사물은 그것이

파르망 Farman

없이는 그 후에 더욱 풍요로워질 가능성이 없는 우리 마음의 한 부분을 만족시켰을 뿐이다. 일의 올바른 순서를 회복하자.

건축은 구조를 내보이거나 필요에 대응하는 것(여기서의 필요는 유용성, 안락함과 실제적 배치를 의미한다)과는 또 다른 의미와 추구해야 할 목적을 가지고 있다.

건축은 감동적인 관계를 통해 정신적 숭고함의 상태, 수학적 질서, 사색 및 조화를 인식하게 하는 훌륭한 예술이다. 이것이 건축의 **목적**이다.

* * *

그러나 우리의 연대年代로 돌아와 보자.

만일 우리가 어떤 다른 건축, 즉 확실하고 입증된 유기체에 대한 필요를 느낀

엔지니어 에르브몽Herbemont, SPAD 33 블레리오Blériot 수송기

다면, 그것은 현 상태에서 **건축이 더 이상 어떤 필요에 대응하지 못하고** 건축에 더 이상 구문構文이 없음으로써 수학적 질서를 지각할 수 없기 때문이다. 극도의 혼란이 횡행하고 있다. 현재의 건축은 주거에서의 현대적 문제를 더 이상 해결하지 못하며 상황 구조를 모르고 있다. 가장 기본적인 조건들을 충족시키지 못함으로써 조화와 미美 같은 좀더 상위의 요소들이 개입할 수 없다.

    오늘날의 건축은 문제의 필요·충분 조건들을 충족시키지 못하고 있다.

    그 이유는 건축에 관한 문제가 아직 언급된 바 없기 때문이다. 건축에서는 비행기의 발달에 유익했던 전쟁 같은 것이 지금까지 없었던 것이다.

    그러나 만일 전쟁이 아닌 평화가 현재 문제를 제기하고 있다면? 1차 세계대전 이후 재건해야 할 북유럽의 문제 말이다. 그러나 우리는 전혀 무장되어 있지 않은 데다가 재료, 건설 시스템, **주거 개념**에서 현대적으로 건설하는 방법도 모른다. 엔지니어들은 댐과 교량, 대서양 횡단선과 광산, 철도 일로 바빴던 반면에

카프로니 3중 수상비행기, 3000마력, 100명 탑승 가능

건축가는 잠자고 있었던 것이다.

    북유럽은 2년 전 이후로는 재건설되지 않았다. 최근에 들어서야 대규모 회사의 엔지니어들이 재료와 구조 체계 같은 건설 부분에서 주택 문제에 손을 대기 시작했다.[8]

주거의 개념을 정의할 일이 남았다.

    비행기는 제대로 제기된 문제에서만이 그 해결책을 발견할 수 있다는 사실을 우리에게 보여 준 사례다. 새처럼 날고 싶다고 원하는 것은 문제를 정확하게 제기한 것이 아니다. 아더의 박쥐[역주22]는 결코 땅을 떠나 본 적이 없다. 순수 기계학과

---

8) 1924년. 그러나 엔지니어들은 배척당했다. 일반 여론은 그들을 반대했다. 그들의 해결책을 원치 않은 것이다. 관례는 그대로 남아 있었다. 사람들은 아무것도 바꾸지 않고 이전처럼 건물을 지었다. 북유럽은 전쟁 후 놀라우리만큼 갑자기 두각을 나타내기를 원치 않은 것이다.

카프로니 3엽 비행기, 2000마력, 30명 탑승 가능

연관된 어떠한 기억도 없이 하늘을 비행하는 기계를 발명하는 것, 즉 부양하고 추진하는 수단을 공기에서 찾은 것은 문제를 잘 제기한 것이다. 10년도 채 안 되어 모든 사람은 날 수 있게 되었다.

※
※ ※

문제를 제기해 보자.

  기존의 것들에 대해서는 눈을 감자.

주택 : 더위, 추위, 비, 도둑, 귀찮은 사람으로부터의 피난처. 빛과 태양을 받아들이는 곳. 요리, 작업, 사생활 등에 적합한 몇 개의 작은 방들.
방 : 자유롭게 돌아다니기 위한 면적, 누워서 기지개를 켤 수 있는 침대, 휴식과 일을 위한 의자, 작업용 탁자, '알맞은 장소'에 각 물건들을 신속하게 정리하기 위한

'급행 비행기', 파리와 런던을 두 시간 만에 주파한다.

수납장.
방의 수 : 조리를 위한 방, 식사를 위한 방, 작업을 위한 방, 씻기 위한 방, 취침을 위한 방.
　이것들이 주거의 표준이다.

그렇다면 왜 교외저택들은 거대하기만 하고 아무 쓸모 없는 지붕으로 덮여 있는가? 왜 작은 창은 그나마 몇 개 없는가? 이 커다란 주택에 자물쇠로 잠긴 방들이 왜 이리도 많은가? 왜 옷장과 세면대, 서랍장에는 이런 거울이 달려 있는가? 왜 책장, 콘솔 테이블, 도자기 캐비닛, 화장대와 찬장은 이토록 정교한가? 왜 거대한 유리 샹들리에인가? 왜 맨틀피스[역주23]인가? 왜 우아하게 주름잡힌 커튼인가? 왜 요란한 색상과 무늬로 가득 찬 벽지인가?
　집 안에는 햇빛이 가까스로 들어온다. 창문은 열기도 어렵다. 어느 식당차에서 나 볼 수 있는, 공기를 순환시키기 위한 환기 설비도 없다. 샹들리에는 눈을 아프게 한다. 스태프[역주24]와 벽지는 불손한 시종 같다. 나는 방금 전에 당신에게 주었던

사진 : 브랑제, 르 무스티크 le moustique 호역주25, 파르망

피카소의 그림을 집으로 되가져온다. 당신 집 안의 잡동사니들과 뒤섞인다면 아무도 보지 않을 것이기 때문이다.

   그리고 이 모든 것을 위해 당신은 5만 프랑을 지불한다.

   왜 세입자인 당신은 집주인에게 다음과 같은 것을 요구하지 않는가.

1. 침실에 의류를 보관하기 위한, 깊이가 동일하고 높이가 알맞으며 '기술 혁신' 트렁크처럼 실용적인 수납장.
2. 식당에 도자기, 은그릇, 유리잔을 잘 보관할 수 있고 '정리 작업'이 금방 끝날 수 있는, 서랍이 충분한 수납장. 탁자와 의자 주위를 돌아다닐 수 있는 충분한 공간을 확보하고, 소화를 돕는 데 필요한 차분한 분위기를 부여해 주는 여백의 느낌을 위해 이 모든 것은 붙박이장일 것.
3. **거실에 책을 정리하고 그것들을 먼지로부터 보호하며 그림과 예술품을 소장하기 위한 수납장.** 이로써 당신 방의 벽들은 방해받지 않는다. 그림을 보관해 둔 수납장에서 언제든지 그림을(만약 당신이 가난하다면 복제 그림을) 꺼내 벽에 걸 수 있을 것이다.

당신은 지금 사용하고 있는 거창한 화장대와 옷장을 최근 들어 지도상에 등장한 신생 국가들 가운데 한 곳에 팔 수 있다. 빠른 속도로 발전하고 있는 그곳에서는 사람들이 스태프와 벽난로가 있는 '유럽풍' 주택에서 살기 위하여(그들의 수납장

엔지니어 베슈노Bechneau, SPAD XIII 블레리오

등을 지닌 채) 전통 주거를 떠나고 있다.
 근본적이고 자명한 이치를 되풀이하여 말해 보자.

a) **의자는 앉기 위해 만들어졌다.** 앉는 자리를 골풀로 만든 5프랑짜리 성당 의

시속 200km의 '특급 비행기'

골리앗 파르망, 폭격기

자에서 고급 커버를 씌운 1000프랑짜리 팔걸이의자, 움직이는 독서대가 달려 있고 등받이를 조절할 수 있는 의자, 커피 잔을 놓을 수 있는 선반과 다리를 펴기 위한 보조판이 달려 있어 낮잠을 자는 것은 물론이고 작업을 하는 데에도 위생적이고 안락하며 가장 편안한 위치를 잡기 위해 크랭크 핸들을 장착한, 앞뒤로 흔들리는 소파까지 있다. 벽걸이 융단과 같은 덮개가 씌워진 안락의자와 루이 16세풍 **2인용 소형 소파**는 과연 앉기 위한 기계인가? 당신은 고풍스러운 가구에 치이는 개인 집에서보다 현대화된 가구를 사용하는 당신의 클럽, 은행 또는 사무실에서 더욱 안락함을 느낄 것이다.

b) **전기는 광명을 가져다준다.** 우리는 조명을 가리거나 산란시키거나 투사할 수 있다. 그러한 조명 기구 덕분에 눈에 아무런 통증을 느끼지 않고 대낮처럼 분명하게 본다. 촛불 100개를 켠 것만큼 밝은 전등은 무게가 50g에 불과하지만, 구리나 나무로 만든 것으로서 너무나 커 방의 한가운데를 차지하는 샹들리에는 파리들의 배설물 때문에 유지 관리하기도 어려운 데다가 무게가 거의 200kg에 이른다. 이것은 눈에 해롭다.

c) **창문은 빛의 양을 조절하는 역할을 하며, 밖을 내다보는 데에도 사용된**

골리앗 파르망, '급행 비행기'

다. 침대차에는 밀봉하는 식으로 닫거나 원하면 열 수 있는 창문이 있다. 현대적 카페테리아에는 밀봉하는 식으로 닫거나 핸들을 돌려 창문을 땅속으로 내려 완전히 열 수 있는, 커다란 창이 있다. 식당차에는 공기 유입량을 조절하는 작은 여닫이 루버가 달린 창이 있다. 병 유리와 작은 창유리를 대체한 현대적인 판유리가 있다. 블라인드의 크기에 따라 빛을 마음대로 차단할 수 있는 롤 셔터roll shutter가 있다. 그러나 건축가들은 잘 닫히지 않고 창유리가 작으며 열기도 어렵고 덧문이

창문의 바깥에 있는, 베르사이유나 콩피에뉴, 루이 X, Y, Z의 창들을 여전히 사용하고 있다. 밤에 비라도 내리면 그것들을 닫는 동안 비를 맞아야 한다.

d) 회화는 바라보고 명상하기 위한 것이다. 라파엘이나 앵그르 또는 피카소의 그림은 보는 이를 명상에 빠져들게 한다. 만약 라파엘이나 앵그르 또는 피카소의 원본 그림이 너무 비싸다면, 사진으로 재현한 그림은 값이 저렴할 것이다. 그림 앞에서 명상에 잠기려면 조용한 분위기에 좋은 위치를 찾아야 한다. 진정한 회화 수집가는 그림들을 수납장 안에 분류하여 보관해 두었다가 자신에게 즐거움을 주는 그림을 벽에 건다. 그러나 당신의 벽은 대개의 경우 가치가 없는 우표를 모아놓은 것처럼 혼란스럽다.

e) 주택은 안에서 살기 위해 만들어졌습니다.—불가능한 일이오!—그러나 사실입니다!—당신은 공상적 이상주의자요!

진실을 말하자면, 현대 남성은 자신의 집에서 권태로워 죽으려고 한다. 그래서 그는 모임에 나가 버린다. 현대 여성도 마찬가지로 지겨움에서 벗어나고자 외출을 한다. 현대의 남성과 여성 모두 자신들의 집에 싫증을 느끼는 것이다. 그들은 춤추러 나간다. 그러나 모임을 가지지 않는 소박한 사람들은 저녁때가 되면 샹들리에 아래로 모인다. 그들은 자신들의 전 재산이자 자랑거리인, 방 전체를 차지해 버린 가구들이 남긴 미로 사이를 조심스레 걸어다녀야 함을 염려해야 할 지경이다.

주거 건물을 위한 기존 평면은 인간을 고려하지 않았으며, 마치 가구를 파는 상점처럼 착상되었다. 포부르 생 탕투안느 faubourg Saint-Antoine^{역주26} 가로에서의 거래에 유리한 이러한 개념은 사회적 측면에서는 다분히 부정적이다. 그것은 가족과 가정의 진정한 의미를 말살시킨다. 살기에 너무 불편하므로 집도, 가족도, 아이도 없는 것이다.

알코올 중독에 적극 반대하는 단체나 다시 인구 확산에 앞장서는 단체는 건축가들에게 시급히 도움을 청해야 한다. 그들은 **주거 개론**을 인쇄하여 각 가정에 배포해야 하며, 에콜 데 보자르 교수들의 사임을 요구해야 한다.

줄리앗 패러웨이

패러웨이는 프라하를 여섯 낮시간과 다섯 밤시간에 이틀 시간에 주파한다.

잘못 제기된 문제 :

보지 못하는 눈들……

파르망

주거 개론

예를 들어, 아파트에 옛날의 큰 거실처럼 볕이 잘 드는 화장실을 요구하라. 가능하다면 일광욕을 위해 테라스를 면한 벽 전체는 전창全窓으로 하게 할 것이며, 자기磁器 세면대, 욕조, 샤워기, 운동 기구 등 최신 설비를 요구하라.

인접한 방 : 옷을 벗고 입을 수 있는 탈의실. 침실에서는 절대 옷을 벗지 마라. 더러워진 옷은 방을 몹시 어지럽힐 것이다. 탈의실에서는[9] 내의류와 의복을 보관하기 위해 높이가 1m 50cm를 넘지 않고 서랍과 옷걸이 등을 갖춘 벽장을 요구하라.

작은 방 여러 개보다는 큼직한 거실 하나를 요구하라.

침실과 거실 및 식당을 위해 장식이 없는 벽을 요구하라. 값이 비싸고, 많은 공간을 차지하며 손질을 자주 해야 하는 가구 대신에 붙박이 수납장을 요구하라.

음식 냄새를 피하기 위하여 가능하다면 집의 높은 곳에 부엌을 두어라.

간접 조명이나 산광散光 조명을 요구하라.

진공 청소기를 요구하라.

실용적인 가구를 제외한 장식된 가구는 절대 사지 마라. 고성古城에 가서 위대한 왕들의 나쁜 취향을 보라.

벽에는 수준 높은 몇 개의 그림만 걸어라. 그림이 없으면, 그 그림의 사진을 사라.

수집품을 서랍이나 수납장에 넣어 두어라. 진정한 예술 작품에 대해 깊은 경외심을 가져라.

축음기나 피아노울러 Pianola역주27를 통해 바흐의 푸가 연주를 들을 수 있기 때문에 구태여 연주회장에 가지 않아도 된다. 그래서 감기는 물론이고 거장을 향한 망상도 피할 수 있을 것이다.

모든 방 창문에 환기 팬의 설치를 요구하라.

당신의 자녀에게 방이란 빛과 공기가 가득하고 바닥과 벽이 깨끗할 때 살 만한 곳이라는 것을 가르쳐 주어라. 항상 정리 정돈이 된 방안을 유지하려면 무거운 가구와 두툼한 카펫을 치워라.

집주인에게 아파트마다 자동차와 자전거, 모터사이클을 세워 둘 수 있는 차고를 요구하라.

다락방이 하녀의 방이 되지 않도록 요구하라. 당신의 하인을 지붕 아래에 묵게 하지 마라.

당신의 부모로 인해 당신에게 익숙해진 것보다 작은 아파트를 임대하라. 당신의 행동과 주문에서, 항상 절약을 염두에 두어라.

결론. 모든 현대인은 기계에 대한 나름의 감각을 지니고 있다. 기계에 대한 감각은 일상 생활을 통해 정당화되어 존재한다. 기계와 관련한 느낌은 존경, 감사와 존중 그것이다.

기계류는 엄밀한 선택으로 이끄는 필수 인자인 경제성을 내포하고 있다. 기계에 대한 느낌에는 도덕적 감정도 있다.

---

9) 나는 왜 사람들이 옷장은 구멍이 뚫린 가마가 되어야 한다는 말에 귀를 기울이는지 모른다. 관장 주입기의 시대는 이미 지났다.

지적이고 냉정하며 평온한 사람은 날개를 얻었다.

주택을 건설하고 도시를 계획하기 위해서는 지적이고 냉정하며 평온한 사람들이 필요하다.

루쉐르Loucheur와 본느베이Bonnevay는 1921~1930년까지 10년간 경제적이고 위생적인 주택 50만 채를 건설하기 위한 법안을 제출하였다.

재정적 예산은 주택당 1만 5000프랑[10]의 원가 산정을 근거로 한다.

현재 전통성을 고수하는 건축가들의 구상대로 건설된 가장 작은 규모의 집은 적어도 2만 5000~3만 프랑이 든다.

루쉐르의 프로그램을 실현하려면 건축가들의 작품에서 영화를 누려 왔던 관습들을 완전히 바꾸어야 하고, 과거와 그들의 모든 기억을 이성理性의 그물로 여과시켜야 한다. 엔지니어들이 비행기에 대해 그랬던 것처럼 문제를 제기해야 하며, 살기 위한 기계를 대량 생산해야 한다.

---

10) 1924년 기준. 오늘날에는 2만 8000~4만 프랑 정도가 예상된다.

DES YEUX NE VOIENT

III. LES AUTOS

보지 못하는 눈

III. 자동차

KQUI

PAS...

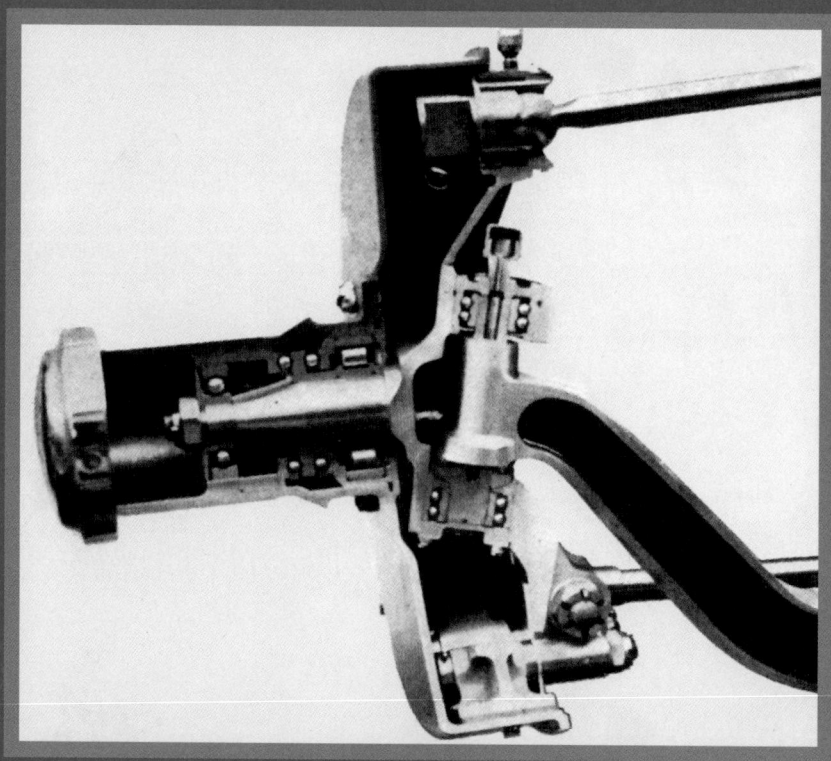

경주용 차 들라주Delage의 앞바퀴 브레이크
제작에 있어 이와 같은 정확성과 깨끗함은 기계에서 새로이 생겨난 느낌을 미화하기 위함이 아니다. 페이디아스도 그렇게 느꼈다. 파르테논의 엔타블러쳐 entablature가 그것을 증언한다. 이집트 인들이 피라미드를 품위 있게 만든 때에도 마찬가지다. 유클리드와 피타고라스가 자신과 동시대인들에게 구술하던 때였다.

완벽성의 문제에 맞서기 위해 표준을 설정해야 한다.
파르테논은 표준을 적용한, 신중한 선택의 산물이다.
건축은 표준에 부응하여 작용한다.
표준은 논리와 분석 및 면밀한 연구와 관련한다. 그것은 잘 제기된 문제에 기반을 둔다.
표준은 실험을 통해 최종적으로 정해진다.

들라주, 1921
만약 주거의 문제가 자동차의 차대chassis를 연구한 것처럼 연구되었다면, 우리의 주택들은 신속하게 변화되고 개선되었을 것이다. 만약 주택들이 차대처럼 산업적으로 대량 생산되었다면, 예상치 않았으나 건전하고 정당화될 수 있는 형태가 신속하게 나타났을 것이고, 놀랍도록 정확하고 새로운 미학이 공식화되었을 것이다.

> 새로운 정신이 있다. 이것은 명쾌한 개념으로 인도된 건설과 종합의 정신이다.
> 『에스프리 누보』의 프로그램, 제1호, 1920년 10월

우리는 **완벽성**의 문제에 맞서기 위해 **표준**을 설정해야 한다.

파르테논은 설정된 표준을 적용한, 신중한 선택의 산물이다. 파르테논이 건설되기 한 세기 이전에 이미 그리스 신전은 그 모든 요소를 표준화하였다.

표준이 설정되면, 즉각적이고 극심한 경쟁이 일어나기 시작한다. 그것은 마치 경기와 같다. 승리하기 위해서는 전체 윤곽과 디테일 같은 **모든 부분에서** 상대방 것보다 더 잘 만들어야 한다. 따라서 이 경쟁은 부분들에 대한 연구에 박차를 가하는 결과를 가져왔다. 진보를 이룬 것이다.

표준은 인간의 작품에서 기울여진 질서에 대한 필요성이 낳은 결과다.

표준은 임의적이 아닌 근거 있는, 분석과 실험을 통해 제어된 논리를 보증으로 한 확실한 기반 위에서 설정된다.

페스툼 Paestum, 기원전 600~500

모든 사람은 동일한 유기적 조직체를 가지고 동일한 기능을 한다.

모든 사람은 동일한 요구들을 지니고 있다.

여러 세대를 거치며 발전해 온 사회적 계약은 표준화된 물품을 생산하면서 표준화된 등급과 기능 및 요구를 결정한다.

주택은 인간에게 필요한 생산물이다.

『자동차 생활 La Vie Automobile』에서, 훔버트 Humbert, 1907

사진 : 알베르 모랑세Albert Morancé, 파르테논, 기원전 447~434

    회화는 정서적인 표준에 따라 결정되는 정신적 질서라는 요구에 부응하기 때문에 인간에게 필요한 생산품이다.
    모든 위대한 작품들은 몇몇 정신의 위대한 표준 위에 근거를 두고 있다. **오이디푸스 Œdipus, 파이드라 Phaedra, 탕자 l'Enfant Prodigue, 성모상들 les Madones, 바울과 버지니아 Paul et Virginie, 빌레몬과 바우키스 Philémon et**

들라주, 경주용 차, 1921

이스파노-쉬자 Hispano-Suiza, 오장팡 차체, 1911

Baucis, 가난한 어부 le Pauvre Pêcheur, 라 마르세이에즈 La Marseillaise, 막달라 마리아가 마실 것을 따르려고 우리에게 오다 Madelon vient nous verser à boire 등이 그러하다.

 표준을 설정하는 것은 모든 실용적이고 합리적인 가능성들을 철저하게 규명하는 것이며, 최대의 효율로, 최소한의 수단과 일손, 재료, 표현, 형태, 색채, 소리 등으로 기능에 적합하다고 인정된 형型을 추론하는 것이다.

 자동차는 간단한 기능(굴러 간다)을 가진 대상이자 복잡한 목적(안락, 내성耐性, 외관)을 가진, 대규모 산업에 표준화의 필요성을 절대적으로 강요한 대상이다. 모든 자동차는 동일한 필수 장치를 지니고 있다. 그러나 자동차를 만드는 많은 회사들 간의 끝없는 경쟁 때문에 모든 제작자는 이러한 경쟁에서 우위를 확보해야 함은 물론이고, 실제적으로 현실화되는 표준을 넘어, 단순한 실용적인 측면을 넘어, 완벽과 조화뿐 아니라 아름다움까지 드러내기 위한 연구를 수행해야 한다는 것을 스스로 깨닫게 되었다.

 거기서 양식, 즉 보편적으로 느껴지고 인정된 완전한 상태가 달성된다.

 표준의 설정은 합리적인 요소들을 조직함으로써, 마찬가지로 합리적인 방향 지시선을 따름으로써 발전되었다. 형태와 외형은 결코 예상되는 것이 아니며, **결과로 나타나는 것이다**. 첫눈에는 형태와 외형이 이상하게 보일지 모른다. 아더는

비냥-스포츠 카Bignan-Sport, 1921

박쥐를 만들었지만, 그것은 날지 못했다. 라이트Wright와 파르망은 공기를 이용해 떠오르는 계획을 세워 초기에는 충돌하는 등의 실패를 거듭했지만, 마침내 비행하는 데 성공했다. 표준이 정착된 것이다. 실제적 결과가 뒤따랐다.

최초의 자동차들이 생산될 때 차체는 사륜마차를 만들던 과거의 방식으로 제작되었다. 이것은 차체의 이동과 신속한 진출입 필요성과 상반된다. 진출입의 법칙에 대한 연구는 상이한 두 가지 목적에 따라 전개된 표준을 정착시켰다. 속도를 위해서는 커다란 매스를 앞에 두고(경주용 차), 안락함을 위해서는 중요한 볼륨을 뒤편에 위치시킨다(리무진)는 것이 바로 그것이다[역주28]. 이 두 경우 모두 느리게 이동하는 과거의 호사스러운 사륜마차와 아무런 공통점이 없다.

문명은 앞을 향해 전진한다. 그것은 농부의 시대, 군인과 성직자의 시대를 지나 정확히 문화라고 불리는 것에 도달한다. 문화는 선택을 위한 노력의 결말이다. 선택은 폐기, 가지치기, 정화를 의미한다. 본질적인 것이 분명하고 적나라하게 나타나는 것이다.

초기 기독교 예배당의 소박함에서 시작해 우리는 파리의 노트르담 대성당, 앵발리드, 콩코르드 광장을 지나왔다. 감각은 정화되고 세련되어졌으며, 보잘것없는 장식은 뒷전으로 밀려나 비례와 척도가 성취됨으로써 진보가 이루어진 것이다. 우리는 초보적인 만족(장식)을 지나서 상위의 만족(수학)에 이르게 되었다.

사진 : 알베르 모랑세, 파르테논
그리스 신전은 단순한 구조물에서 건축의 단계로 조금씩 나아갔다. 100년 후 파르테논은 진보의 정점에 도달했다.

만약 브르타뉴풍[역주29]의 옷장이 브르타뉴 지방에 아직 남아 있다면, 그것은 브르통 사람들이 그곳에 고립되고 안정된 채로 어업과 목축에만 전념해 왔기 때문이다. 훌륭한 신분의 신사가 파리에 있는 자신의 대저택에서 브르타뉴풍의 침대에서 잠을 자는 것은 어울리지 않는 처신이다. 리무진을 소유한 신사가 브르타뉴풍의 침대에서 잠을 자는 것도 어색하다. 우리는 이에 대한 분명한 생각을 가지고 논리적으로 결론을 이끌어내야 한다. 그러나 대형 자동차와 브르타뉴풍의 침대를 함께 소유하는 것은 유감스럽게도 매우 흔한 일이다.

모든 사람은 확신과 열의에 가득 차 "자동차는 우리 시대의 양식을 특징짓는다"고 단언한다. 그러나 브르타뉴풍의 침대는 골동품상들에 의해 변함없이 제작되고 판매된다.

그렇다면 이미 절정에 이른 하나와 발전하고 있는 다른 하나, 즉 서로 다른 두 영역에서 선택된 두 생산품의 관계를 이해하기 위하여 파르테논과 자동차를 함께 전시해 보자. 그것은 자동차를 고상하게 만들 것이다. 그 다음에는 주택과 궁전을 자동차와 대조시킬 일만 남았다. 바로 여기서 우리는 전혀 앞으로 나아가지

사진 : 알베르 모랑세, 파르테논
각 부분은 과단성이 있고 정확성과 표현에 있어 최고의 경지를 이루었다. 거기에는 비례가 명확하게 기록되어 있다.

못하고 막다른 길에 이르게 된다. 여기서 우리에게 파르테논은 더 이상 없다.

* *
* *

    주택의 표준이란 실용적 질서와 구축적 질서에서 비롯된다. 나는 이 점을 비행기에 대해 언급하면서 서술하고자 시도하였다.
    10년 동안 주택 50만 채를 건설하려는 루쉐르의 프로그램은 아마 노동자 주택 프로그램을 정착시킬 것이다.
    가구의 표준은 사무용 가구 제조업자, 트렁크 제조업자, 시계 제조업자 등에 의해 한창 실험되고 있는 중이다. 우리는 그 길을 따르기만 하면 된다. 바로 엔지니어의 임무 말이다. 유일한 물건, 예술적 가구에 관한 모든 허튼소리는 거짓을 울려대면서 딱하게도 오늘날의 필요에 대한 이해가 부족함을 나타낸다. 의자는 결코 예술작품이 아니다. 의자에는 영혼이 깃들여 있지 않다. 그것은 앉기 위한

카프로니 Caproni 삼엽 수상비행기
이 그림은 조형적 유기체가 어떻게 잘 제기된 문제에 대응하며 창조되는지를 보여 준다.

도구일 뿐이다.

　문화 수준이 높은 나라들은 예술의 표현 수단을 실용적인 동기에서 자유롭게 농축된 진정한 순수예술인 회화, 문학, 음악에서 발견한다.

　인간적 감정의 표현은 어느 정도의 흥미를 수반한다. 미적인 영역에서는 특히 그러하다. 아마도 이러한 흥미는 감각적 질서나 지적인 질서에서 비롯될 것이다. 색채가 그러하듯 장식은 감각적이고 초보적인 질서에서 비롯된 것으로서 단순한 민족과 농부 그리고 원시인 들에게 적합한 것이다. 조화와 비례는 지적인 재능을 자극하고, 문화인의 흥미를 끈다. 농부는 장식을 좋아하고 자신의 벽을 꾸민다. 문명인은 영국식 정장을 입고 이젤 위에서 그려진 그림과 책의 주인이 된다.^{역주30}

　장식은 필요 불가결한 잉여이며 농부의 몫이다. 비례 또한 필요 불가결한 잉여이며 문명인의 몫이다.

　건축에서 공감의 몫은 방과 가구의 분류와 비례를 통해 성취된다. 바로 건축가의 일인 것이다. 아름다움이란 무엇인가? 그것은 정신의 합리적 만족(유용성, 경

카프로니- 탐험
시는 언어나 씌어진 단어에만 존재하는 것이 아니다. 사실事實의 시는 더욱 강렬하다. 무엇인가를 상징하고 재능에 의해 준비된 대상은 시적인 사실을 창조한다.

제성)과 입방체, 구형, 원통형, 원뿔형 등(감각적인 것)에 기본적 바탕을 둔 형태적 존재를 통해서만 작용할 수 있는, 계량할 수 없는 어떤 것이다. 또한…… 계량할 수 없는 것이면서 계량할 수 없는 것을 창조하는 관계다. 이것은 천재적 재능, 발명의 재능, 조형적 재능, 수학적 재능에서 비롯하며, 질서와 통일성을 측정하게 하고 명백한 법칙에 따라 우리의 시각적 감각을 극도로 흥분시키고 만족시키는 능력이다.

그때, 고도의 문명인이 보고 느끼고 사랑했으며, 무자비한 수단을 통하여 그가 자연, 인간, 세계라는 인생의 드라마에서 이미 경험했던 전율을 일으키는, 모든 것을 일깨우는 가지각색의 감각이 생겨난다.

개인이 매순간 난폭하게 시달리는 이러한 과학의 시대, 투쟁의 시대, 드라마의 시대에 파르테논은 살아 있는 작품으로, 위대한 울림으로 가득 찬 명품으로 우리에게 나타난다. 그것의 필연적 요소들이 이룬 총합은 인간이 명확하게 규정된 어떤 문제에 전념했을 때 도달하게 되는 완전의 단계를 보여 준다. 이 경우,

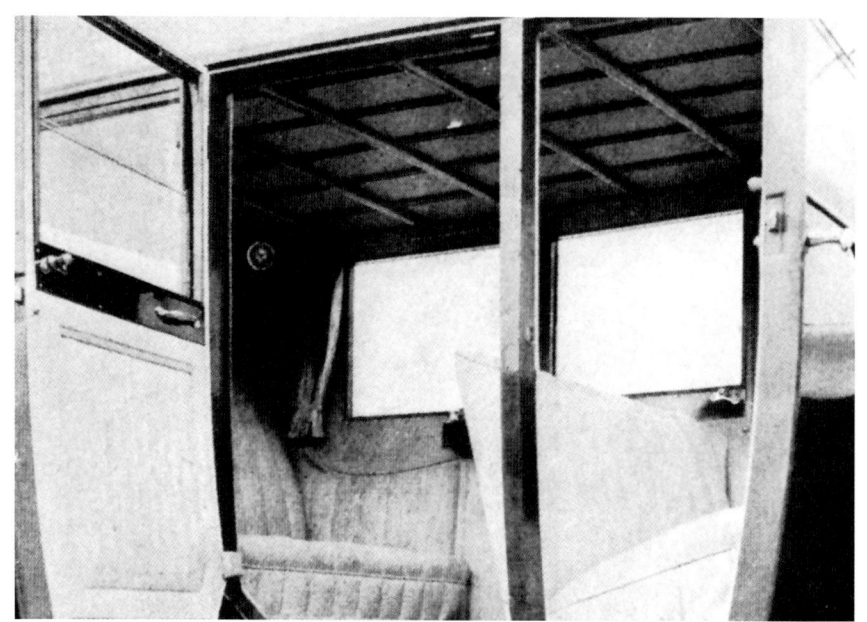

벨랑제|Bellanger, 리무진 내부

완전함은 보통의 규범과 전혀 다르기 때문에 파르테논에 대한 올바른 인식은 오늘날에도 매우 한정된 감각, 즉 기계적인 감각을 통해서만 우리에게 전달된다. 그것과의 교감은, 그 거대하고 인상적인 기계들이 우리에게 친밀하고 현재의 활동에서 가장 완벽한 결과물로, 우리 문명에서 진정으로 성공한 유일한 결과물로 여겨질 때 생기는 것이다.

페이디아스는 이와 같이 표준화된 시대에 살기를 원했을 것이다. 그는 가능성과 성공을 확신했을 것이다. 그는 우리의 시대에서 자신이 수행했던 수고가 가져온 최종적인 결과를 보았을 것이다. 머지않아 그는 파르테논에서의 경험을 다시 한 번 하게 될 것이다.

*
 * *

부아쟁Voisin, 토르페도 – 스포츠Torpédo-Sport, 1921
남성의 옷은 표준화되어 있기 때문에 우아한옷을 잘 차려 입은 여성보다는 우아한 남성에 대해 판단하는 것이 더 쉬운 일이다. 당시 모든 신전의 유형은 동일하였는데 파르테논이 다른 것들보다 훨씬 더 큰 것을 보면, 파르테논을 지으면서 페이디아스Pheidias가 익티노스Iktinos와 칼리크라테스Kallicrates 옆에 있었으며, 또한 페이디아스가 그들보다 우위에 있었음이 확실하다.

건축은 표준에 의해 제어된다. 표준은 논리와 분석, 면밀한 연구의 산물이다. 표준은 명확하게 규정된 문제에 기초한다. 건축은 조형적 창조물이자 지적인 사색이며, 고등 수학이다. 건축은 매우 품위 있는 예술이다.

    선택의 법칙에 의해 강요되는 표준은 경제적이고 사회적인 필요다. 조화는 우리 우주가 지닌 규범과의 합의 상태다. 미美가 모든 것을 지배한다. 그것은 순수한 인간적 창조물이다. 그것은 매우 수준 높은 인간들에게만 필요한 잉여물이다.

※
※ ※

그러나 우리는 완전함의 문제에 대처하려면 무엇보다도 먼저 표준의 설정을 목표로 삼아야 한다.

		K	
|	PLAN MINCE PERPENDICULAIRE A LA MARCHE.	0.085	접근 방향과 직교하는 가느다란 평면
○	SPHERE.	0.0135	구형
)	DEMI-SPHERE OUVERTE A L'AVANT.	0.109	전면을 향해 열린 반구형
(	DEMI-SPHERE OUVERTE A L'ARRIERE.	0.033	후면을 향해 열린 반구형
◯	CORPS OVOIDE GROS BOUT EN AVANT.	0.002	굵은 부분이 앞을 향한 알 모양

실험과 계산의 결과로 얻은 원뿔형이 물고기와 새 같은 자연계 생물들을 통해 저항을 가장 적게 받는다는 것이 입증된다.
실험적 적용 : 비행선이나 경주용 자동차

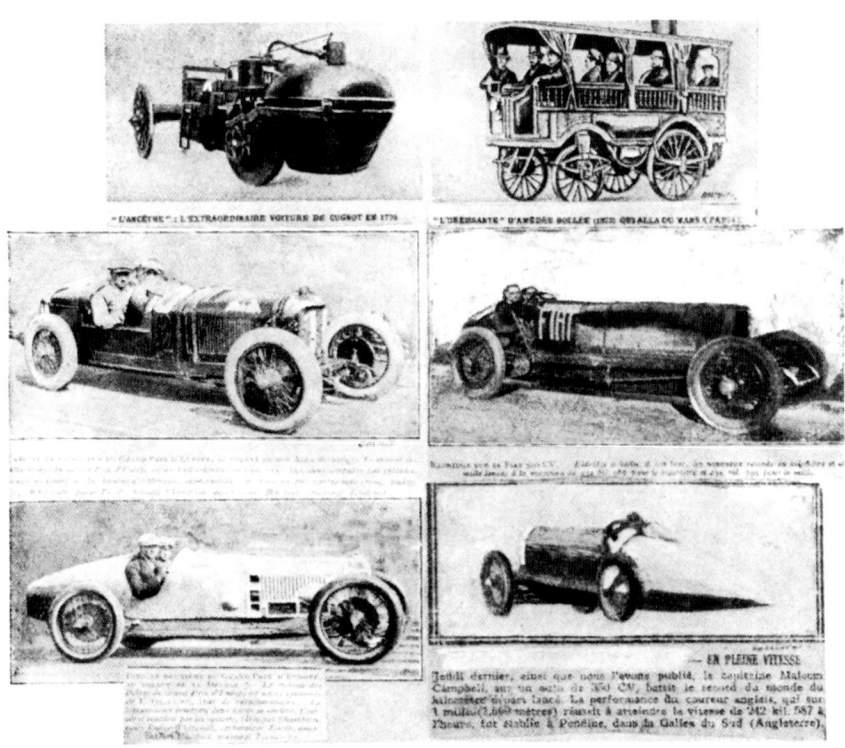

표준을 찾아서

사진 : 알베르 모랑세, 파르테논
페이디아스는 파르테논을 지으면서 건설자나 엔지니어, 제도사의 작품을 만들지 않았다. 모든 요소는 이미 존재해 있었다. 그는 완전하고 높은 영적 경지에 이른 작품을 만들었다.

ARCHITE
I. LA LEÇON DE ROM

건축
I. 로마의 교훈

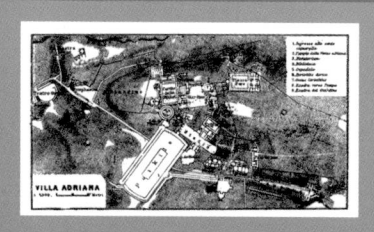

CTURE

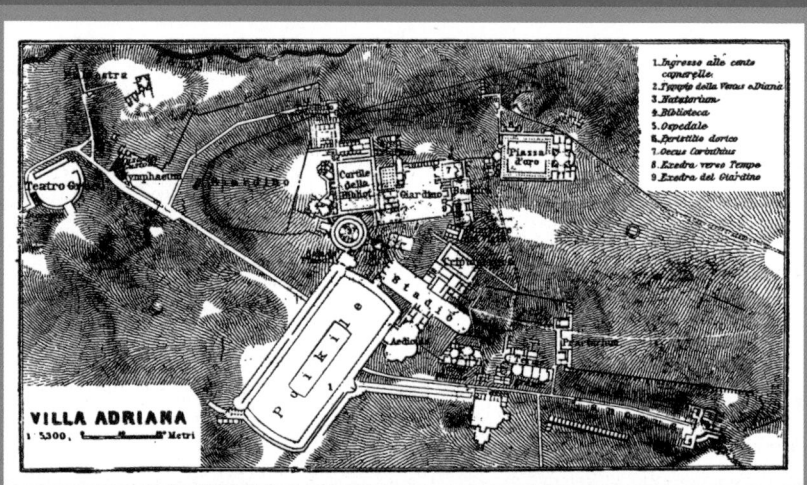

아드리아나 저택, 티볼리 근교, 130

건축은 원재료를 사용하여 감동적인 관계를 수립하는 것이다.
건축은 실용적인 필요를 초월한다.
건축은 하나의 조형물이다.
질서의 정신, 의도의 통일성, 관계에 대한 감각.
건축은 양量을 다룬다.
열정은 활성이 없는 돌에서 극적 효과를 창출해 낼 수 있다.

당신은 돌과 나무, 콘크리트를 사용하여 집과 궁전을 짓는다. 이것은 건설이다. 여기서 독창력이 발휘된다.

그러나 갑자기 당신이 나를 감동시키고 내게 유익한 일을 해줄 때, 나는 행복하여 "아름답다"고 말한다. 이것이 건축이다. 여기에 예술이 있다.

나의 집은 실용적이다. 나는 철도국이나 전화국 엔지니어에게 감사하는 것처럼 당신에게 감사한다. 그러나 당신은 나를 아직 감동시키지 못했다.

벽들이 하늘을 향해 치솟은 모습은 나를 감동시킨다. 나는 당신의 의도를 알아차린다. 당신은 온유하기도 하고, 야성적이기도 하고, 매력적이기도 하고, 고상하기도 한 사람이다. 당신이 세워 놓은 돌들이 내게 그렇게 말한다. 당신은 나를 그 장소에 머물게 하고 나의 시선은 그것을 응시한다. 그것들은 어떤 생각을 표현하는 무엇인가를 바라보고 있다. 이 생각은 아무 말도, 아무 소리도 없이, 단지 그들 사이에 연관성을 가진 프리즘들에 의해 명확해진다. 이 프리즘들은 빛 아래에서 분명히 드러난다. 그들 사이의 연관성은 실제적이거나 서술적인 것과는 무관하다. 그것들은 우리의 마음이 빚은 수학적 창조물이자 건축의 언어다. 움직이지 않는 재료들을 사용하고 다소 실용적인 조건들에서 **출발하여** 당신은 나를 감동시키는 어떤 관계를 만들어 내었다. 이것이 건축이다.

로마는 그림처럼 아름다운 곳이다. 그곳의 빛은 너무나 아름다워 모든 것을 포용한다. 로마는 모든 것이 거래되는 시장이다. 어린이 장난감, 군인의 무기, 낡은 교회 의상들, 보르지아Borgia 가家의 비데와 모험가들의 깃장식 등 대중의 모든 생활 용품이 그곳에 있다. 이밖에 추한 것들도 많다.

만약 우리가 그리스 인들을 떠올려 보면, 로마 인들은 나쁜 취향을 가졌다고 느끼게 된다. 교황 줄리어스 2세Julius II나 빅토르 엠마누엘Victor-Emmanuel 황제 같은 진짜 로마 인도 그러하다.

고대 로마는 늘 너무나 좁은 벽들 사이에서 짓눌렸었다. 엉망으로 쌓아 올려진 도시는 아름답지 않다. 르네상스 시대의 로마는 과시적으로 팽창하여 도시의 구석구석까지 뻗어나갔다. 빅토르 엠마누엘 시대의 **로마**는 이 박물관 복도 같은 로마의 가로 안에 근대적 삶을 수집하고 분류하고 보존하고 정착시켰으며, 카피톨Capitol 언덕과 포룸Forum 사이의 도심에 그 무엇보다도 가장 거대한, 빅토르 엠마누엘 1세의 기념비를 흰 대리석으로 40년에 걸쳐 건설하고 이것을 '로마적'이라고 선언하였다!

세스티우스Cestius의 피라미드, 기원전 12

의심할 여지없이, 로마에는 모든 것이 너무나 뒤죽박죽 쌓아 올려져 있다.

1. 고대 로마

로마의 관심사는 세계를 정복하고 다스리는 것이었다. 전략을 짜고, 군인을 모집하고, 법률을 제정하는 것, 그것은 바로 질서의 정신이다. 거대한 사업을 운영하려면 근본적이고 단순한, 나무랄 데 없는 원칙을 반드시 채택해야 한다. 로마의 질서는 단순하고 단도직입적인 것이었다. 만약 그것이 무지막지했다면, 그만큼 더 나빠졌거나 혹은 그만큼 더 나아졌을 것이다.

그들은 지배와 체제를 향한 거대한 욕망을 가지고 있었다. 건축적 견지에서 옛 로마는 보여 줄 것이 아무것도 없다. 도시의 벽들은 너무 밀집해 들어차 있으며, 집들은 고대의 마천루라 할 수 있는 10층 높이로 쌓아 올려졌다. 포룸은 어떤 면에서 성스러운 도시 델포이Delphes의 골동품처럼 추했을 것이다. 도시계획, 거

콜로세움, 80

콘스탄틴 개선문, 12

판테온의 내부, 120

대한 설계도? 이런 것들은 없었다.

　직사각형 계획으로 감동적인 폼페이를 가서 봐야 한다. 그들은 그리스를 정복했고, 선한 이방인들처럼, 도리스 주식柱式보다 장식이 많아 더욱 아름답다고 생각한 코린트 주식을 발견하였다. 또 어떠한 신중함도, 취향도 없이 코린트식 원기둥의 아칸서스 주두柱頭와 장식된 엔타블러처를 발견했다! 그러나 우리가 볼 수 있듯이 그 저변에는 로마적인 무엇인가가 있었다. 간단히 말해, 그들은 최상의 차대車臺, châssis들을 건설했지만, 루이 14세의 2인승 사륜마차 같은 통탄스러운 차체 carrosseries들도 설계했던 것이다. 그들은 로마 외곽의 빈 공간에 아드리아나 저택을 지었다. 그곳에서는 로마의 위대함을 묵상해 볼 수 있다. 그곳에서 그들은 진정한 계획을 실행하였던 것이다. 그것은 대규모 서구식 계획의 첫번째 예다. 만약 그리스를 이러한 관점에서 보면 "그리스 인은 조각가였을 뿐 그 이상 아무것도 아니다"라고 말할 수도 있다. 그러나 여기서 주의할 점은 건축이 단지 배

판테온, 120

치만의 문제가 아니라는 것이다. 배치는 건축의 근본적인 특질 가운데 하나다. 아드리아나 저택 내부를 걸어다니며(결국은 '로마적인') 근대적 조직력이 아직까지 아무것도 한 일이 없음을 인정하는 것이 이 순진한 실패작의 한 패거리라고 느끼는 사람에게는 얼마나 큰 고통이겠는가!

  황폐한 지역은 별 문제가 없었지만, 그들은 정복지에 시설물을 정비해야 하는 과제를 안고 있었다. 그것은 모두 동일한, 하나의 문제였다. 그래서 그들은 건설 방법을 창안했고 그것으로 인상적인, 즉 '로마적인' 일들을 해내었다. 이 '로마적'이라는 단어는 의미를 지니고 있다. 그것은 수법에서의 일관성, 눈에 보이는 분명한 목적, 역할 분담을 일컫는다. 거대한 둥근 천장과 그것을 지지하는 드럼, 당당한 반원 천장 등 이 모든 것은 로마의 시멘트에 의해 지탱된다. 이것들은 여전히 경탄의 대상물로 존재한다. 그들은 위대한 건설자였다.

  분명한 목적과 역할 분담은 전략과 입법에서의 특기할 만한 사고 전환의 증거

건축 | 167

다. 건축은 이러한 목적에 민감하며, **흥미를 갖고 그들에게 보답한다**. 빛은 순수한 형태들을 어루만지며, **흥미를 갖고 그들에게 보답한다**. 단순한 볼륨들은 둥근 천장, 반원 천장, 원통형, 직각 프리즘 또는 피라미드형에 따라 특유의 다양성을 드러내는 거대한 표면들을 만들어 낸다. 표면 장식은 동일한 기하학적 질서를 따른다. 파르테논, 콜로세움, 수도교, 세스티우스의 피라미드, 개선문, 콘스탄티누스 황제의 바실리카(로마, 310~320), 카라칼라 대욕장(로마, 212~216) 등이 여기에 속한다.

    이들의 특징으로 수다스럽지 않음과 정돈, 독특한 생각, 건설에서의 대담성과 통일성, 기본 형태의 사용 등을 들 수 있다. 건전한 도덕성이 깃들여 있는 것이다.

    이러한 로마 시대에서 그들의 벽돌과 시멘트 및 석회석은 보존하고 대리석은 백만장자들에게 팔아 버리자. 로마 인들은 대리석에 대해 아는 바가 전혀 없었다.

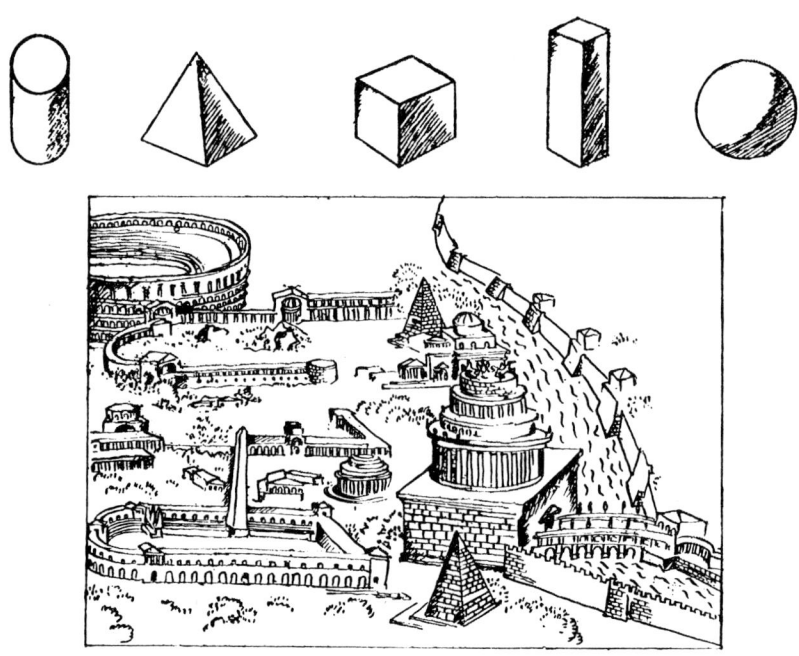

코스메댕의 성모 마리아 성당 내부

2. 비잔틴 로마

비잔틴을 경유한 그리스의 충격. 그것은 코린트식 원주의 아칸서스 잎 장식이 과시하는 화려한 뒤얽힘 앞에서 교양 없는 사람이 느끼는 경악이 아니다. 그리스 혈통의 이들이 코스메댕Cosmedin의 성모 마리아 성당[역주31]을 건설하기 위해 로마에 온다. 그리스 인은 페이디아스보다 한참 후대 사람이지만 그 소질, 즉 관계들에 대한 감각과 완전성에 근접하게 하는 수학적 재능을 이어받았다. 시끌시끌하고 사치스러운 로마의 중심에 자리잡은 이 자그마한, 가난한 이들을 위한 성모 마리아 성당은 수학의 고상한 행렬과 비례의 확고한 힘, 관계들 간의 탁월한 설득력 등을 지니고 있다. 평면은 평범한 바실리카로 헛간이나 곳간이 지어졌던 건축 형태였다. 벽은 거친 회반죽으로 마감하였다. 단 하나의 색채, 절대적이기 때문에 변함없이 강력한 흰색뿐이었다. 이 작은 성당은 당신의 마음 속에 밀려드는

코스메댕의 성모 마리아 성당 본당 회중석

존경심으로 당신을 그 자리에서 꼼짝 못하게 한다. 당신은 성 베드로 대성당이나 학술원 또는 콜로세움에서 나오면서 감탄사를 외친다. 예술적 측면에서 관능주의자와 수욕주의자들은 코스메댕의 성모 마리아 성당에 불쾌감을 느낄 것이다. 위대한 르네상스가 금박을 입힌 끔찍한 궁전들을 섬기고 있을 때, 이 성당이 로마에 존재했었다는 사실을 기억하라!

    비잔틴을 경유한 그리스, 그것은 정신의 순수한 창조물이었다. 건축은 빛 아래에서의 정돈, 아름다운 프리즘 외에는 아무것도 아니다. 척도는 우리를 황홀하게 하는 것 가운데 하나다. 척도를 사용한다는 것은 일정한 자극에 고무되어 율동적으로 배치하는 것, 통일성 있는 미묘한 관계성을 통해 전체에 생명력을 불어넣는 것, 균형을 잡는 것, **방정식을 푸는** 것이다. 왜냐하면 설혹 이러한 표현을

코스메댕의 성모 마리아 성당 설교단

회화에 적용하는 것이 억지스러울 수도 있지만, 어떠한 상형象形에도, 인간의 표정과 관계된 어떠한 요소에도 관심을 갖지 않는 건축역주32, 분량quantités을 제어하는 건축에는 잘 들어맞기 때문이다.

   이러한 분량은 작품을 위한 토대로서의 재료들을 제공한다. 측정하고 방정식에 대입한 결과, 분량은 리듬이 생겨나게 하고 수數, 관계성, 정신 등을 표현한다.

   코스메댕의 성모 마리아 성당의 균형잡힌 침묵 속에서, 설교단에는 경사진 난간이 서 있고 낭독대에 있는 석재 서견대書見臺도 동의하는 듯이 경사져 있다. 정신적 역학의 완벽한 운동과 융합한 이 두 개의 조용한 사선들, 이것은 건축이 제공하는 순수하고 간결한 아름다움이다.

성 베드로 성당의 앱스absides

3. 미켈란젤로

지성과 열정. 감동이 없으면 예술은 존재하지 않으며, 열정이 없으면 감동도 없다. 채석장에서 잠자고 있는 돌은 꼼짝하지 않지만, 성 베드로 성당[역주33]의 앱스는 한 편의 드라마다. 이러한 드라마는 인류가 성취한 중요한 작품들 주변에서 발견된다. 건축의 드라마는 세상 사람들, 우주 안에서 살아가는 인간의 드라마와 동일하다. 파르테논은 감동적이다. 한때 강철처럼 윤이 나고 빛났을 화강암으로 된 이집트의 피라미드도 감동적이다. 평야나 바다로 영기靈氣, 폭풍, 부드러운 미풍 등을 발산하는 것, 인간이 사는 주택의 담을 만드는 데 사용되는 자갈로 높은 알프스 산맥을 쌓는 것, 그것은 계획된 관계를 훌륭하게 달성하는 것이다.

성 베드로 성당의 앱스

　인간이 그러한 것처럼 드라마와 건축도 그러하다. 그와 같은 형태들이 인간의 경탄을 불러일으킨다고 너무 자신 있게 단언해서는 안 된다. **인간**은 우연히, 아직 이해되지 않은 우주 구조론의 주파수를 따라 오랜 기간에 걸쳐 발생한 예외적인 현상이기 때문이다.

　페이디아스가 지난 천년의 인물이었던 것처럼 미켈란젤로는 우리가 사는 최근 천년을 대표하는 인물이다. 르네상스가 미켈란젤로를 탄생시킨 것은 아니다. 그것은 단지 재능 있는 많은 사람들을 양산했을 뿐이다.

　르네상스에서 비롯된 것이 아니라 새로운 **창조물**인 미켈란젤로의 작품은 고전 시대를 무색케 한다. 성 베드로 성당의 앱스는 코린트식이다. 한번 상상해 보라! 이것들을 파리에 있는 마들렌느 성당Madeleine역주34과 비교해 보라. 그는 콜로세움을 본 적이 있으며 그것이 지닌 만족스러운 비례들을 마음 속에 담아두었다.

성 베드로 성당 앱스의 다락방

카라칼라 대욕장과 콘스탄티누스 황제의 바실리카는 더욱 고상한 의도로 극복해야 할 한계를 그에게 보여 주었다. 그 결과 우리는 원형 건물, 철각보루형으로 쌓은 건축물, 교차하는 벽, 돔을 지지하는 드럼, 다주식 현관, 조화로운 관계를 내포하고 있는 거대한 기하학 등을 보게 된다. 이어서 둥근 기둥을 세우는 대좌들 stylobates에서, 벽기둥들 pilastres에서, 그리고 전혀 새로운 단면을 가진 엔타블러처들에서 다시 한 번 리듬감을 발견할 수 있다. 그리고 다시 한 번 리듬을 시작하는 창문과 벽감들 niches이 있다. 전체의 매스는 건축 사전에 인상적인 새로움을 선사한다. 잠시 멈춰 서서 미켈란젤로로 인한 15세기 이후의 충격을 되새겨 보는 것도 유익할 것이다.

마지막으로, 성 베드로 성당은 코스메댕의 성모 마리아 성당에서 기념비적인

미켈란젤로, 성 베드로 성당 앱스의 엔타블러처

절정을 이루었음직한 내부를 지녀야 했다. 플로렌스의 메디치 소성당은 너무나 훌륭하게 미리 설정된 성 베드로 대성당이 어떠한 표준을 따라 성취되었는지 보여준다. 그러나 어리석고 경솔한 교황들은 미켈란젤로를 해고했다. 볼품없는 사람들이 성 베드로 성당의 내부와 외부를 망쳐 놓은 것이다. 오늘날의 성 베드로 성당은 사치스럽고 주제넘은 추기경처럼 어리석게도 **모든** 것이 결여된…… 어정쩡한 것이 되어 버렸다. 얼마나 막대한 손실인가! 정열과 정상을 넘어선 지성, 그것은 영원한 긍정이었다. 지금은 슬프게도 그것에 '어쩌면', '십중팔구', '아마도', '확실치는 않지만'이라는 말이 따라다니게 되었다. 비참한 실패로 끝난 것이다.

이 장의 제목이 **건축**인 만큼 여기서 인간의 정열에 대해 언급할 수 있었다.

성 베드로 성당의 현재 평면. 본당 회중석 부분이 모두 손상된 채 길어졌다.
미켈란젤로는 무엇인가를 말하고 싶었지만, 모든 것이 파괴되었다.

미켈란젤로, 포르타 피아 Porta pia

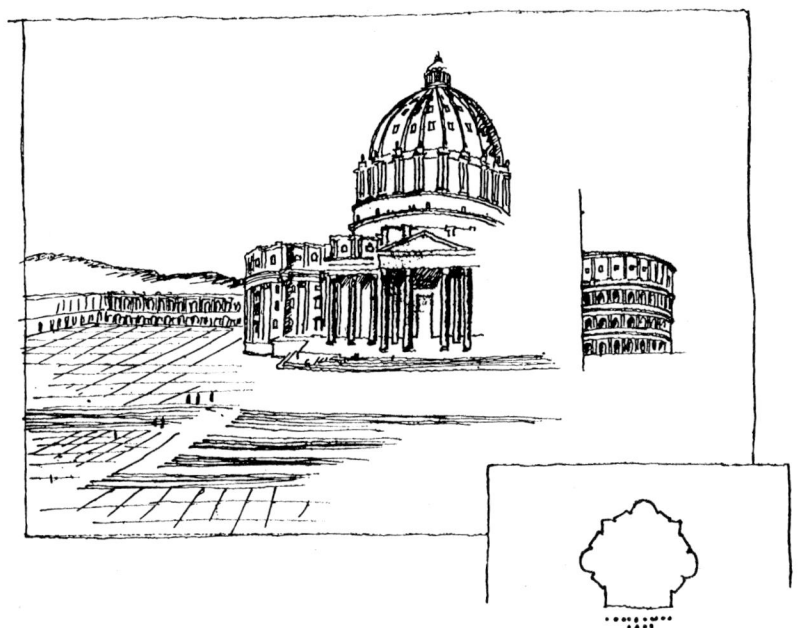

미켈란젤로, 성 베드로 성당의 계획안, 1547~1564

규모가 상당히 크다. 이와 같은 둥근 지붕을 돌로 짓는다는 것은 당시 그 누구도 감히 엄두도 내지 못한 힘의 일주였다. 성 베드로 성당의 바닥 면적은 1만 5000㎡이고, 파리 노트르담 성당의 바닥 면적은 5955㎡이다. 콘스탄티노플의 성 소피아 사원은 6900㎡이다. 둥근 지붕의 높이는 132m, 앱스까지의 직경은 150m이다. 앱스와 처마 장식 cornice 위쪽의 장식벽인 애틱 attic의 전반적인 배치는 콜로세움의 그것과 유사하다. 높이는 동일하다. 전체적으로 통일성을 지니고 있는 계획안은 주랑 현관, 원주, 정사각형 프리즘, 드럼, 돔 같은 가장 아름답고 가장 풍족한 요소들을 미적으로 배치하였다. 엄격하면서도 감동적인 몰딩은 극도로 정열적이다. 모든 것은 유일하고 완전한 하나의 덩어리로부터 솟구친다. 그것들은 단번에 파악된다. 미켈란젤로는 앱스와 돔의 드럼을 완성시켰다. 나머지는 야만인들의 손에 넘겨졌다. 모든 것은 엉망이 되었다. 인류는 인간 지성이 만들 수 있는 최상의 작품들 가운데 하나를 잃어버린 것이다. 만약 미켈란젤로가 이러한 재앙을 감지하고 있었다고 상상해 보면, 그것은 베일을 벗은 무서운 드라마가 될 것이다.

성 베드로 광장의 현재 모습

수다스럽고 어색하다. 베르니니 Bernini의 주랑 자체는 아름답다. 파사드도 아름답다. 그러나 돔과는 아무런 연관성이 없다. 이 건물의 진정한 목적은 돔에 있었다. 그러나 그것은 가려졌다! 돔은 앱스와 적절한 관계를 맺고 있었다. 그러나 앱스들도 가려졌다. 주랑 현관의 볼륨은 충만했다. 그러나 이제는 하나의 정면에 불과하다.

성 베드로 성당 앱스의 창문

4. 로마와 우리

로마는 한창 신바람이 난 시장이자 재미있는 곳이다. 사람들은 그곳에서 온갖 종류의 공포와(여기에 있는 '공포의 로마'라는 제목의 사진을 보라) 르네상스 시대 로

공포의 로마
르네상스 로마, 생-탕주 성(왼쪽 위), 근대 로마, 법원(오른쪽 위),
르네상스 로마, 콜로나 갤러리(왼쪽 아래), 르네상스 로마, 바르베리니 궁(오른쪽 아래)

마의 형편없는 취향을 발견하게 된다. 우리는 17세기부터 20세기까지의 위대했던 400년 동안의 노력을 통해 우리를 르네상스로부터 분리시켜 놓은 근대적 취향으로 이 르네상스를 판단해야 한다.

우리는 이러한 노력의 결실을 수확한 후, 쉽지는 않지만 정당한 엄격함으로 판단한다. 미켈란젤로 이후 깊은 잠에 빠져 버린 로마는 근래 4세기 동안 발전이 거의 없었다. 파리로 다시 한 번 돌아가서 우리의 판단 능력을 회복해 보자.

로마의 교훈은 올바르게 알고 인식할 수 있는, 저항하고 통제할 줄 아는 지혜로운 사람들을 위한 것이다. 제대로 교육받지 못한 이들에게 로마는 파멸의 장소다. 건축을 공부하는 학생들을 로마로 보내는 것은 그들을 죽이는 짓이다. 로마 대상Grand Prix de Rome역주35과 메디치 저택Villa Medici은 프랑스 건축에서 암적인 존재다.

ARCHITE
II. L'ILLUSION DES PL

건축
II. 평면의 허상

CTURE
NS

칼스루에|Karlsruhe 시의 평면도

평면은 내부에서 외부로 전개된다. 외부는 내부의 결과다.
건축의 요소들은 빛과 그림자, 벽과 공간이다.
배치는 목적의 위계이며 의도의 분류다.
인간은 지상에서 1m 70cm 떨어져 있는 자신의 눈으로 건축의 창조물을 바라본다. 인간은 눈으로 접근할 수 있는 목표와, 건축의 요소들을 고려하는 의도만을 다룬다. 만약 건축의 언어로 이야기되지 않는 의도가 행해진다면, 당신은 평면의 허상에 이르게 되고 개념상의 착오나 자만에 빠짐으로써 평면의 규율을 어기게 된다.

당신은 돌과 나무, 콘크리트를 사용하여 주택과 궁전을 짓는다. 이것은 건설이다. 여기서 독창력이 발휘된다.

그러나 갑자기 당신이 나를 감동시키고 내게 유익한 일을 해줄 때, 나는 행복하여 "아름답다"고 말한다. 이것이 건축이다. 여기에 예술이 있다.

나의 집은 실용적이다. 나는 철도국이나 전화국 엔지니어에게 감사하는 것처럼 당신에게 감사한다. 그러나 당신은 나를 아직 감동시키지 못했다.

벽들이 하늘을 향해 치솟은 모습은 나를 감동시킨다. 나는 당신의 의도 알아차린다. 당신은 온유하기도 하고, 야성적이기도 하고, 매력적이기도 하고, 고상하기도 한 사람이다. 당신이 세워 놓은 돌들이 내게 그렇게 말한다. 당신은 나를 그 장소에 머물게 하고 나의 시선은 그것을 응시한다. 그것들은 어떤 생각을 표현하는 무엇인가를 바라보고 있다. 이 생각은 아무 말도, 아무 소리도 없이, 단지 그들 사이에 연관성을 가진 프리즘들에 의해 명확해진다. 이 프리즘들은 빛 아래에서 분명히 드러난다. 그들 사이의 연관성은 실제적이거나 서술적인 것과는 무관하다. 그것들은 우리의 마음이 빚은 수학적 창조물이자 건축의 언어다. 움직이지 않는 재료들을 사용하고 다소 실용적인 조건들에서 **출발하여** 당신은 나를 감동시키는 어떤 관계를 만들어 내었다. 이것이 건축이다.

평면을 계획한다는 것은 아이디어를 명확하게 하고 집중시키는 행위다.

아이디어를 가지고 있어야 하는 것이다.

그 아이디어를 알기 쉽고 실행 가능하며 전달될 수 있도록 정돈하는 것이다. 따라서 평면은 의도를 명확하게 표명해야 하는데, 그 의도에 전념하기 위해서는 아이디어를 가지고 있어야 한다. 한편으로 평면은 재료 분석표처럼 간결한 어떤 것이다. 매우 간결한 표현 형식으로, 마치 수정체나 기하학의 도식처럼 분명하게 나타나며 엄청나게 많은 양의 아이디어를 담고 있는 의도의 추진력이다.

에콜 데 보자르라는 거대한 공교육 기관에서 좋은 평면을 구성하기 위한 원리가 연구되어 왔지만, 시간이 흐름에 따라 유감스럽게도 교조敎條와 비법, 속임수가 난무하였다. 초기에는 매우 효과적이었던 교수 방법이 지금은 위험스런 관습이 되어 버린 것이다. 내적인 아이디어를 표현하는 데서부터 외부, 즉 외관에 치중하는 특정 기호들을 만든 것이다. 아이디어의 집합체이자 이러한 아이디어의 집합체 안에 동화된 평면도는 한 장의 종이가 되어 버렸다. 벽을 의미하는 검은 점들과 축을 의미하는 선들이 장식 패널 위에서 모자이크처럼 헛돌면서 착시현상을 불러일으키는, 빛나는 별자리를 만드는 가장 아름다운 별은 로마 대상을 받는다. 그러나 평면은 생성원이며 "평면은 모든 것의 결정이다. 이것은 엄격한 추상화 작업이고 무미건조하게 보이는 대수학처럼 정확하다". 이것은 일종의 전투 작전과 유사하다. 교전이 뒤따르는 중대한 순간인 것이다. 전투는 공간 안에서 볼륨들 간의 충돌로 일어나는데, 이전부터 존재해 왔던 아이디어의 집합체인 추진 의도가 그 군대의 **사기**가 된다. 좋은 평면이 없으면 아무것도 존재하지 않는다. 모든 것은 허약해져 지속되지 못하며, 호사스러운 장식들이 덕지덕지 붙어 있음에도 불구하고 모든 것이 빈곤해진다.

평면은 처음부터 구조 방식을 함축하고 있다. 건축가는 무엇보다 먼저 엔지니어다. 그러나 여기서는 오랜 시간 지속되어 온 건축의 문제에 국한하여 생각하자. 이러한 관점에만 국한시킴으로써 이와 같이 중요한 사실, 즉 주택과 궁전은 살아 있는 생물체에 비유할 수 있는 유기체이므로 평면은 **내부에서 외부로** 전개된다는 사실에 주목하여 이야기를 시작할 수 있을 것이다. 나는 내부의 건축 요소들과 **질서정연한 배치**에 대해 언급할 것이다. 대지와 관련 있는 건축의 효과를 고려하여 외부는 언제나 하나의 **내부**임을 여기서 다시 한 번 보여 줄 것이다. 도식에서 명확하게 보일 여러 근본 요소들을 통해 평면의 허상을 증명할 수 있다. 즉 건축을 말살하고 정신을 유혹하고 부정할 수 없는 진실을 모독한 열매이며 거짓 개념의 결과이거나 허영심의 결과인 건축적 속임수를 만들어 내는 이 허상을 보여 줄 수 있을 것이다.

[그림 1] 이스탄불의 술레이만 회교 사원

[그림 2] 부르사의 푸른 회교 사원 평면

내부에서 외부로 전개되는 평면

건물은 비눗방울과 같다. 만약 이 방울 안에 입김이 골고루 들어가 내부의 압력이 잘 조절되면 완벽하고 조화로운 모양을 띠게 된다. 외부는 내부의 결과인 것이다.

소아시아의 부르사Bursa에 있는 **푸른 회교 사원**la Mosquée Verte의 경우, 보통 사람 키 높이의 작은 출입구를 통해 안으로 들어가게 된다. 이 출입구는 방금 전에 지나온 가로街路와 장소의 크기를 경험한 당신에게 사원 내부 공간의 규모를 감상하는 데 반드시 필요한 스케일의 변화를 당신 속에서 느끼게 하여 깊은 인

[그림 2-1] 콘스탄티노플의 성 소피아 사원

[그림 3] 카사 델 노스, 아트리움 atrium, 폼페이

상을 주고자 의도된 것이다. 그때 회교 사원의 크기를 느낄 수 있고 당신의 눈으로 그것을 평가하게 된다. 당신은 빛으로 가득 찬, 흰 대리석으로 둘러싸인 넓은 공간 안에 있다. 저 너머로 그 크기는 유사하나 희미한 빛이 들어오고 몇 개의 계단을 지나 올라가게 되어 있는(단음계 반복) 두 번째 공간이 보인다. 양쪽에는 부드러운 빛이 들어오는 훨씬 작은 공간이 하나씩 있다. 돌아서면 아주 작은 두 개

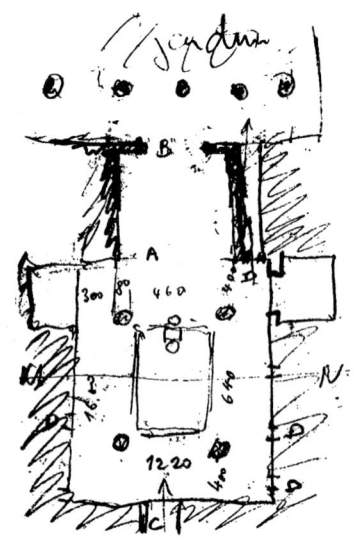

[그림 4] 카사 델 노스

의 어두운 공간이 있다. 밝은 빛에서 어두움까지의 리듬감이 형성된다. 문들은 작은 데 비해 기둥과 기둥 사이의 한 구획인 베이bay는 거대하다. 이에 매료된 당신은 평소의 스케일 감각을 상실해 버린다. 당신은 감각상의 리듬(빛과 볼륨)과 아울러 스케일과 척도의 능란한 사용에 매혹되어 그것이 당신에게 전달하고자 했던 것을 말해 주는 세계 속으로 빠져든다. 얼마나 대단한 감동이며 믿음인가! 이것이 바로 추진력 있는 의도다. 아이디어의 집합체, 이것이 여기에서 사용된 방법이다([그림 2]). 그 결과, 콘스탄티노플의 성 소피아 사원 및 이스탄불의 술레이만 회교 사원과 마찬가지로 부르사에서 외부는 내부의 결과다([그림 1], [그림 2-1]).

폼페이의 **카사 델 노스 Casa del Noce**. 여기에도 다시 한 번 당신의 마음을 방금 지나온 가로에서 벗어나게 해주는 작은 출입구가 있다. 이어서 당신은 안뜰로 들어간다. 이곳의 중앙에 있는 네 개의 기둥(네 개의 **원기둥**)은 지붕 아래의 그림자까지 쭉 뻗어 올라가서 힘을 느끼게 하는 강력한 수단임을 증명하고 있다. 그러나 맞은편 끝에는 왼쪽에서 오른쪽으로 넓게 뻗어 큼직한 공간을 만드는, 넓은 몸짓으로 빛을 펼치고 분산시키고 강조하고 있는 열주랑 너머로 밝은 정원이 보인다. 이 둘 사이에는 카메라 렌즈처럼 이러한 광경을 압축하는 타블리움 tablium이 있

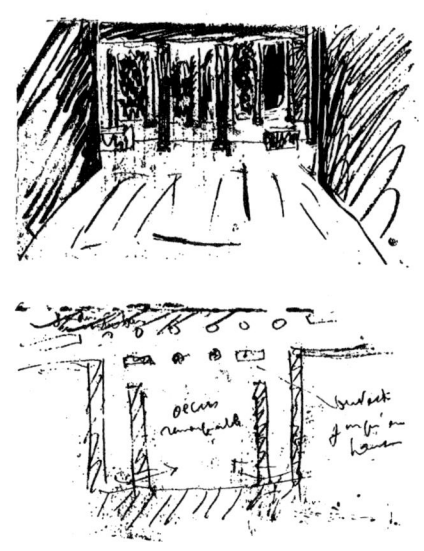

[그림 5] 아드리아나 저택, 로마

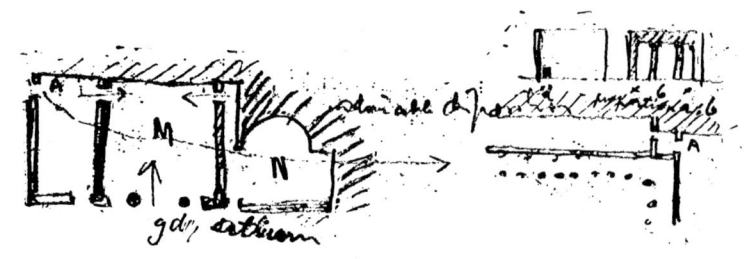

[그림 6] 아드리아나 저택, 로마

다. 오른쪽과 왼쪽에는 작고 어두운 공간이 각각 하나씩 있다. 많은 사람들의 생기가 넘쳐나는 거리를 떠나 당신은 한 **로마 인**의 집으로 들어간다. 그곳에서는 당당한 위풍, 질서, 장엄한 여유 등이 느껴진다. 당신은 **로마 인**의 집에 있다. 이 방들의 용도는 무엇이었을까? 그것은 문제가 되지 않는다. 2000년이 지난 지금 당신은 어떠한 역사적 설명 없이도 건축을 느끼며, 이 모든 사실이 아주 작은 집에서 비롯된 것임을 인식하게 된다([그림 3], [그림 4]).

내부의 건축 요소들

곧게 뻗은 벽들, 펼쳐진 땅, 사람이나 빛이 통과하는 문 또는 창 역할을 하는 구멍들을 배치한다. 이 구멍들은 빛을 많게 또는 적게 통과시키면서 우리를 즐겁게도 하고 슬프게도 한다. 벽은 아주 밝거나 반쯤 어둡거나 또는 완전히 어둡기도 하다. 그것은 즐거움, 평온함 또는 슬픔의 효과를 가져온다. 당신의 교향곡은 준비가 된 것이다. 건축의 목적은 당신을 즐겁게 하거나 평화롭게 하는 것이다. 벽을 존중하라. 폼페이 사람들은 벽에 구멍을 뚫지 않았다. 그들은 벽에 애착을 가졌으

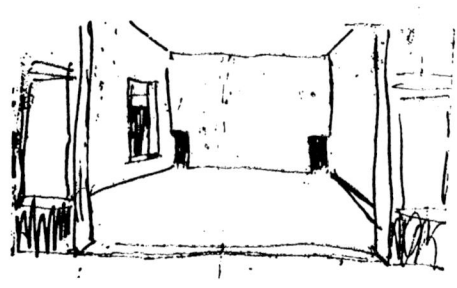

[그림 7] 폼페이

며 빛을 사랑하였다. 빛은 반사하는 벽들 사이에 있을 때 더욱 강렬해진다. 고대인은 쭉 뻗어나가는 벽을 세웠으며, 벽을 확장하기 위해 이 벽들을 이었다. 이와 같이 그는 건축적 감각, 즉 체감하는 감각의 근원인 볼륨을 창조하였다. 빛은 명확한 의도를 가지고 한쪽 끝에서 작열하며 벽을 밝힌다. 빛의 **인상**은 원기둥들(나는 원주column라는 구태의연한 용어를 좋아하지 않는다)과 열주랑 또는 기둥pillar들 바깥으로 뻗어나간다. 바닥은 갈 수 있는 모든 곳으로 균등하고 고르게 펼쳐진다. 효과를 위해 때때로 바닥은 계단으로 높여졌다. 내부에는 빛, 빛을 반사시키는 벽 및 수평적 벽인 바닥 외의 다른 건축 요소는 없다. 잘 조명된 벽을 세우는 일은 내부의 건축 요소들의 관계를 만들어 내는 것이다. 비례를 성취할 일만 남았다([그림 5], [그림 6], [그림 7]).

배치

축은 인간이 시도한 최초의 인간적 표현일 것이다. 그것은 모든 인간 행위의 수단이다. 아장아장 걷는 아기들도 축을 따라 걷는다. 인생의 폭풍 속에서 분투하는 인간은 스스로 축을 그린다. 축은 건축의 정리자다. 질서를 수립하는 것은 곧 일에 착수하는 것이다. 건축은 축을 따라 확립된다. 그러나 에콜 데 보자르에서 사용하는 축은 건축의 측면에서 보면 재앙이다. 축은 목적지를 향해 이끄는 방향선이므로 건축에서 축은 목적지를 가져야 한다. 에콜에서는 이 점을 잊어버려 그들의 축들은 별모양으로 서로 교차되고 정의되지 않은 채 무한을 향해 알 수 없는 곳으로, 아무런 목적도 없이 이끌어 갈 뿐이다. 에콜에서의 축은 일종의 비법이며 속임수다.[12]

배치는 중요도에 따라 축들의 등급을 매기는 것이므로 목적의 위계이며 의도의 분류다.

따라서 건축가는 자신이 그린 축에 목적지를 배당한다. 이 목적지는 벽(가득 찬 부분, 지각적 감각) 또는 빛과 공간(지각적 감각)이다.

사실상 제도판 위에 그려진 계획안에서 볼 수 있는 바와 같이 조감도를 통해서는 축을 인식할 수 없다. 축은 땅 위에 서서 자신의 전면을 주시할 때 보인다. 시야는 상당히 먼 데까지 볼 수 있으며, 맑은 렌즈처럼, 심지어 의도하거나 소망한

---

12) 공작이 꼬리를 펴는 것처럼 별을 만들기 위해 종이 위에 축을 그리는 것은 진짜 속임수다.

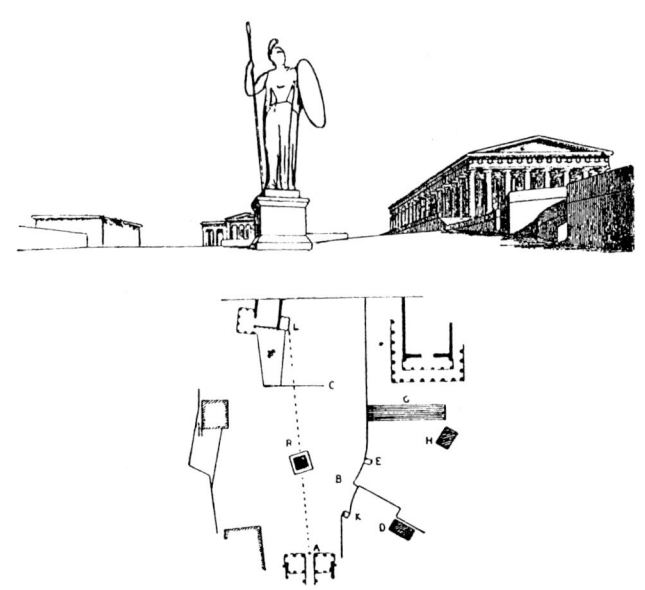

[그림 8] 아테네의 아크로폴리스

것 이상으로 모든 것을 바라본다. 아크로폴리스에서의 축들은 피래우스로부터 펜텔리쿠스^{역주36}를 향해, 바다에서부터 산을 향해 내달린다. 프로필라이아는 수평선 너머의 바다 축과 직각을 이루고 있다. 당신이 서 있는 곳으로부터 당신에게 깊은 인상을 준 건축적 배치의 방향과 직각을 이루는 수평선에서 표현되는 것은 바로 직각이 주는 감명이다. 이것은 고도의 질서를 지닌 건축이다. 아크로폴리스는 형

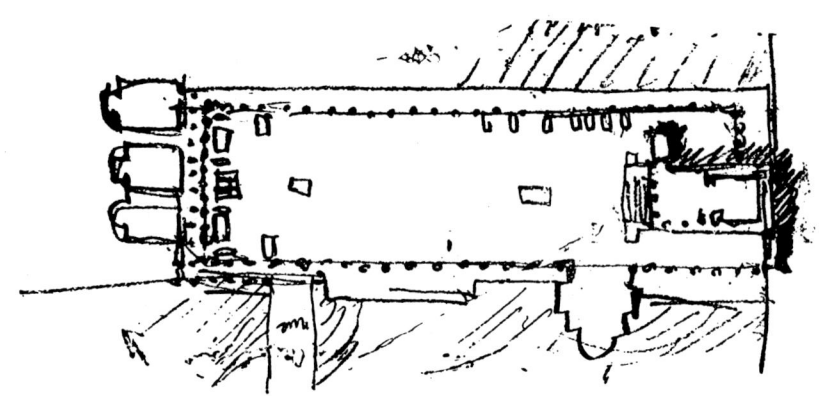

[그림 9] 폼페이의 포룸

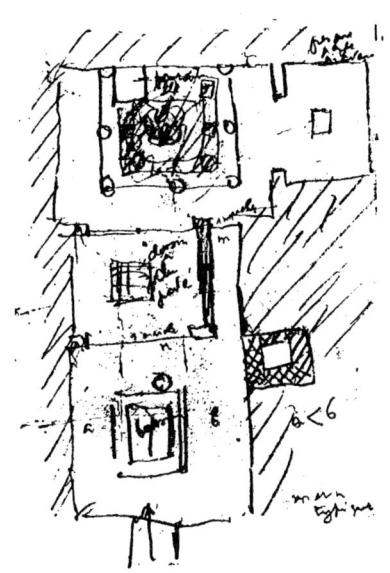

[그림 10] 비극 시인의 집, 폼페이

태의 배합에 있어 수평선까지 고려한 것이다. 프로필라이아가 반대 방향에 있고, 그 축 위에는 아테네 여신의 거대한 신상이 있다. 멀리에는 펜텔리쿠스가 있다. 이 축은 중요하다. 파르테논은 오른쪽으로, 에렉테이온은 이 축의 왼쪽에 위치한 까닭에 모두 이 강력한 축의 바깥에 있어, **당신은 그것들의 전체 모습 가운데 4분의 3을 볼 수 있게 되었다**. 모든 건축물이 축 위에 위치해서는 안 된다. 왜냐하면 그것은 여러 사람이 동시에 말하는 것과 같기 때문이다([그림 8]).

폼페이의 포룸 : 배치는 목적의 위계이며 의도의 분류다. 포룸의 평면은 많은 축을 내포하고 있지만, 이것은 에콜 데 보자르에서 동메달도 따지 못할 것이다. 별을 만들지 못하기 때문에 이것은 거부될 것이다! 이러한 평면을 고찰하고 그 광장을 거니는 것은 정신적 기쁨이다([그림 9]).

여기 **비극 시인의 집 내부**에서 우리는 완성된 예술의 교묘함을 발견하게 된다. 모든 것이 축을 따라 배치되었지만 당신은 그곳을 일직선으로 지나가기가 어렵다. 그 축은 의도된 것으로서, 축에 따라 형성된 배치는 시각적 착각을 이용하여 매우 능란하게 다루어져 미미한 것(복도, 주 통로 등)들에도 영향을 미치고 있다. 여기서의 축은 이론적인 축이 지닌 무미건조함과는 구별된다. 이 축은 명확하게 진술되고 차별화된 각 주요 볼륨들을 함께 연결하고 있다. 비극 시인의 집을 방문하면 모든 것이 질서 정연하게 정리되어 있음을 알 수 있다. 그러나 이 집에서는 풍요로움이 느껴진다. 그 다음에 당신은 볼륨들을 강렬하게 나타내는 축들의 교묘한 왜곡에 주목하게 된다. 바닥 포장의 중심 모티프는 방의 중앙에서 뒤로 물러나 있다. 입구에 있는 우물은 연못 옆에 있다. 맞은편 가장 먼 곳에 자리한 분수대는 정원의 구석에 있다. 이 집에서는 그렇지 않지만, 방의 중앙에 자리한 오브제는 당신이 방의 중앙에 서는 것은 물론이고 축을 따라 조망하는 것을 방해하므로 가끔씩 방을 못쓰게 만든다. 또 네모난 광장의 한가운데에 놓인 기념물은 광장과 그것을 둘러싸고 있는 건물들을 종종 망치기도 한다. 이 문제에 대해서는 각각의 경우에 따라 판단해야 한다.

배치는 중요도에 따라 축들의 등급을 매기는 것이므로 목적의 위계이며 의도의 분류다([그림 10]).

외부는 늘 하나의 내부다

에콜에서 별 모양으로 축들을 그릴 때, 그들은 건물 앞에 도착하는 관찰자가 오로지 이 건물에만 민감해야 하고, 관찰자의 시선은 반드시 이 축들에 의해 결정된 중력에 이끌려 그것의 중심에만 고정되어야 한다고 상상한다. 관찰한 바에 따르면, 인간의 눈은 끊임없이 움직이며 눈의 주인인 인간 또한 끊임없이 좌우로 움직인다. 그는 모든 것에 관심을 갖고 전체 대지의 중력 중심을 향해 이끌린다. 그러다가 갑자기 문제가 주변으로 확산된다. 이웃한 집들, 멀리 있거나 가까이에 있는 산, 높고 낮은 수평선 등은 자체의 입방체가 힘을 행사하는 거대한 매스가 된다. 이 입방체는 실제 모습 그대로 지성에 의해 끊임없이 평가되고 탐색된다. 이러한 입체적 감각은 즉각적이고 원초적인 것이다. 건물의 체적이 10만 m³일지라도 주변의 수백만 m³를 함께 고려해야 한다. 이때 밀도에 대한 감각이 생긴다. 나무나 언덕은 형태가 기하학적으로 배치되어 있는 것보다 덜 강력하고 희박한 밀도를 띤다. 눈으로 보기에도 그렇고 생각하기에도 대리석은 목재나 기타의 것들보다 밀도가 높다. 언제나 위계가 있는 것이다.

요약하면, 건축의 전체적 효과에 있어 대지 자체가 지닌 요소들은 그것이 지닌 입체적 형상과 밀도 및 구성 재료의 질을 통해 매우 명확하고 다양한(목재, 대리석, 나무, 잔디, 파란 수평선, 가깝거나 먼 바다, 하늘) 감각을 수반하면서 작용한다. 대지를 구성하고 있는 요소들은 방의 벽들처럼, 즉 그들의 '입체' 계수, 계층화,

[그림 11] 프로필라이아와 날개 없는 승리의 신전

재료 등으로 치장된 벽들처럼 우뚝 서 있다. 이 벽들은 빛과 관련하여 빛과 그림자, 슬픔, 유쾌함 또는 평온함 등을 가져다준다. 이러한 요소들을 이용하여 구성해야 한다.

아테네의 아크로폴리스 언덕 위에서는 한눈에 들어오는 계단 따위의 디딤판을 만들기 위해 신전들이 서로를 향해 방향이 돌려져 있다([그림 11]). 또 처마도리 architrave와 함께 어우러진 바다도 있다([그림 12]). 잘 정돈되었을 때에만 미美를 창출하는, 위태로운 풍요로 가득 찬 예술의 무한한 자원을 가지고 구성하는

[그림 12] 프로필라이아

건축 | 195

[그림 13] 아드리아나 저택, 로마

것이다.

아드리아나 저택의 경우, 바닥 높이는 로마 평원과의 조화를 고려하여 설정되었다([그림 13]). 전체 구성도 산과 조화롭게 설정되었다([그림 14]).

전체와 모든 디테일에서 각 건물을 향한 전경을 지닌 **폼페이의 포룸**은 끊임없이 새로워지는 다양한 관심이 모인 집합체다([그림 9]와 [그림 15]).

기타 등등.

위반

여기서 나는 건축가들이 내부에서 외부로 전개되는 계획을 고려하지 않았으며, 작품을 추진하는 의도에, 즉 각자가 그 후에 자신들의 눈으로 확인할 수 있는 목

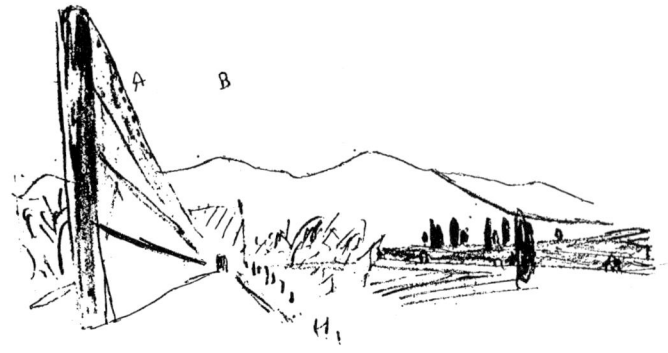

[그림 14] 아드리아나 저택, 로마

[그림 15] 폼페이의 포럼

적에 부응하는, 독특하고 잘 정돈된 영감에 의해 활기를 띠는 볼륨들로 구성하지 않았음을 보여 주고자 한다. 건축가들은 내부의 건축 요소들, 즉 빛을 받아들이고 건물의 개념을 분명하게 나타내기 위해 서로 연결된 표면들을 고려하지 않았다. 그들은 공간을 위주로 생각하지 않고 종이에 별들을 그렸으며, 이러한 별들을 만들기 위하여 축들을 그려 왔다. 건축 언어에 속하지 않는 의도들을 다루어 온 것이다. 그들은 개념상의 실수나 헛된 욕망을 추구함으로써 타당한 계획 규칙들을 어겨 왔던 것이다.

로마의 성 베드로 성당 : 미켈란젤로는 당시로서는 가장 높고 거대한 돔을 건설하였다. 그는 방문객이 안으로 들어서자마자 거대한 둥근 지붕 아래에 있게끔 계획했다. 그러나 교황들은 전면에 세 개의 베이와 함께 엄청나게 큰 현관 홀을 추가하였다. 미켈란젤로의 주요 착상 전체가 훼손되어 버린 것이다. 오늘날에는 돔에 도착하려면 100m에 이르는 긴 터널을 지나야 한다. 두 개의 동등한 볼륨이 서로 싸우고 있는 셈이다. 이 때문에 건축적 효과가 상실되었다(또 조잡한 허영심의 결과인 장식들로 인해 근원적인 결함은 더욱 심각해졌으며, 성 베드로 성당은 건축가에게 불가사의한 대상으로 남아 있다). 바닥 면적이 1만 5000m^2인 성 베드로 성당에 비해 콘스탄티노플의 성 소피아 사원은 7000m^2의 면적만으로도 승리를 구가하고

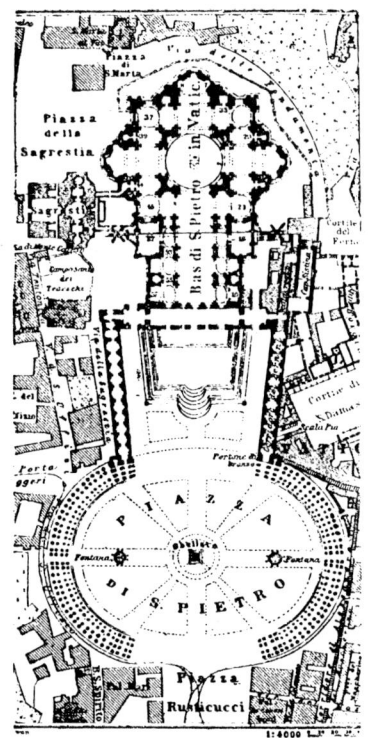
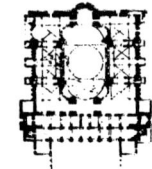
콘스탄티노플의 성 소피아 사원

[그림 16] 로마의 성 베드로 성당
바실리크의 세 번째 베이에 그려진 선은 미켈란젤로가 계획한 파사드의 위치를 알려준다(바로 앞장에 나오는 미켈란젤로의 개념 참조).

있다([그림 16]).

베르사이유 : 루이 14세는 더 이상 루이 13세의 후계자에 불과한 인물이 아니다. 그는 **태양의 왕**이다. 그가 얼마나 엄청난 허영심에 빠져 있었는지! 건축가들은 조감도, 즉 거대한 축들과 별들이 있어 마치 천체지도처럼 보이는 계획안을 루이 14세에게 내놓았다. 태양의 왕은 자만심에 가슴이 벅찼다. 그러고는 거창한 작업에 착수하였다. 그러나 인간은 지상에서 1m 70cm 높이에 있는 두 눈으로 한 번에 한 지점만을 볼 수 있을 뿐이다. 별들의 가지는 단지 하나씩 차례로 보일 뿐이며, 정작 당신에게 보이는 것은 잎무늬 장식으로 뒤덮인 직선밖에 없다. 직선은 별이 아니다. 별들이 붕괴된 것이다. 거대한 연못, 전체적 조망의 바깥쪽에 있는 장식된 화단들, 돌아다니면서 부분적으로만 볼 수 있는 건물들에서 모든 것이 연

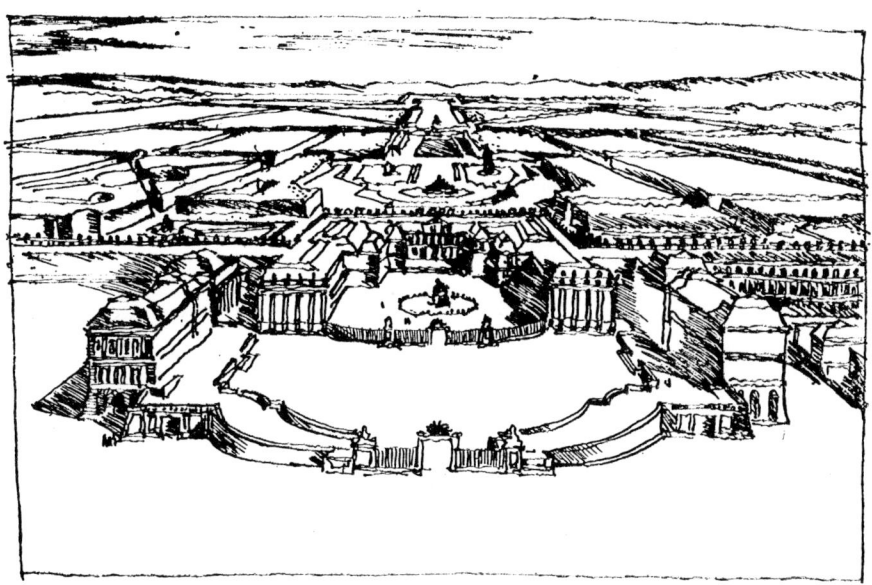

[그림 17] 당시에 그려진 베르사이유 전경

이어서 그렇게 된다. 그것은 함정이며 기만이다. 루이 14세는 자신의 충동 때문에 실수를 한 것이다. 그는 건축의 객관적 요소들을 사용하여 일하지 않고 건축의 진리를 어긴 것이다([그림 17]).

영광스러운 태양의 왕의 신하인 한 대공의 어린 소공자가 많은 이들과 함께 그 의도에 있어 가장 유감스러운 실패이자 완벽한 녹아웃 knock-out인 칼스루에 시를 계획하였다. 별들은 종이 위에서만 빈약한 위안으로 존재해 있다. 그것은 허상이다! 멋진 평면이 주는 허상인 것이다. 도시의 어느 지점에서도 당신은 절대로 성의 창문을 세 개 이상 볼 수 없고 그나마 그것들은 항상 동일하게 보인다. 가장 보잘것없는 평범한 주택에서도 그만큼의 효과는 얻을 수 있을 것이다. 성에서 당신은 결코 한 번에 하나 이상의 가로를 내려다볼 수 없다. 시장이 열리는 자그마한 도시에 있는 어떠한 가로도 이와 유사한 효과를 거둘 수 있을 것이다. 허영심의 공허함이여! 평면을 그리면서 인간의 눈이 그 결과물을 판단한다는 사실을 잊어서는 안 된다.

단순한 건설에서 건축으로 넘어갈 수 있는 것은 우리가 고매한 목적을 가졌을 때다. 허영심을 버려야 한다. 허영심은 건축적 허무의 원인이다.

ARCHITE
III. PURE CREATION

건축
III. 정신의 순수한 창조물

CTURE
E L'ESPRIT

파르테논

윤곽 modénature^{역주37}은 건축가의 시금석이다.
건축가는 윤곽을 통해 자신이 예술가인지 또는 단순한 엔지니어인지를 드러낸다.
윤곽은 모든 제약으로부터 자유롭다.
여기에는 관습이나 전통, 시공법과 실용적 요구에 대한 순응이 더 이상 존재하지 않는다.
윤곽은 정신의 순수한 창조물로, 조형예술가를 필요로 한다.

당신은 돌과 나무, 콘크리트를 사용하여 집과 궁전을 짓는다. 이것은 건설이다. 여기서 독창력이 발휘된다.

그러나 갑자기 당신이 나를 감동시키고 내게 유익한 일을 해줄 때, 나는 행복하여 "아름답다"고 말한다. 이것이 건축이다. 여기에 예술이 있다.

나의 집은 실용적이다. 나는 철도국이나 전화국 엔지니어에게 감사하는 것처럼 당신에게 감사한다. 그러나 당신은 나를 아직 감동시키지 못했다.

벽들이 하늘을 향해 치솟은 모습은 나를 감동시킨다. 나는 당신의 의도를 알아차린다. 당신은 온유하기도 하고, 야성적이기도 하고, 매력적이기도 하고, 고상하기도 한 사람이다. 당신이 세워 놓은 돌들이 내게 그렇게 말한다. 당신은 나를 그 장소에 머물게 하고 나의 시선은 그것을 응시한다. 그것들은 어떤 생각을 표현하는 무엇인가를 바라보고 있다. 이 생각은 아무 말도, 아무 소리도 없이, 단지 그들 사이에 연관성을 가진 프리즘들에 의해 명확해진다. 이 프리즘들은 빛 아래에서 분명히 드러난다. 그들 사이의 연관성은 실제적이거나 서술적인 것과는 무관하다. 그것들은 우리의 마음이 빚은 수학적 창조물이자 건축의 언어다. 움직이지 않는 재료들을 사용하고 다소 실용적인 조건들에서 출발하여 당신은 나를 감동시키는 어떤 관계를 만들어 내었다. 이것이 건축이다.

아름다운 얼굴이라고 느끼게 하는 것은 얼굴선의 뛰어남과 각 부분이 연결되는 관계에서 나타나는 매우 특별한 가치다. 코, 입, 이마 등과 이들 사이의 일반적인 비례에서 생겨나는 얼굴 유형은 개인 각자가 지닌 특성이다. 수백만 개의 얼굴 생김새는 이러한 기본 유형들을 바탕으로 형성된다. 그러나 각각의 얼굴은 모두 다르다. 얼굴 각 부분의 특징과 그것들이 결합되는 관계에서 다양성이 존재한다. 얼굴의 입체감이 정밀하고 얼굴 각 부분의 배치가 **우리가 조화롭다고 느끼는** 비례를 나타낼 때, 그것들이 우리의 깊은 내면에서 우리의 감각을 넘어서 진동하기 시작하는 일종의 공명을 일으키기 때문에, 우리는 그 얼굴이 잘생겼다고 말한다. 형용하기는 어렵지만, 우리 존재의 깊은 곳에 자리잡은 절대성의 자취인 것이다.

우리 내부에서 진동하는 이 공명판은 조화에 대한 우리의 기준이다. 이것은 사실상 그 위에 자연 또는 우주와의 완벽한 조화 속에서 인간이 조직한 축이어야 하는데, 이 축은 자연의 모든 현상과 대상들에 기초한 것이어야 한다. 이 축은 우리에게 우주에서 행동 통일을 취하게 하며 그 이면에 담겨 있는 유일한 의지를 수용하도록 유도한다. 따라서 물리학 법칙은 이 축의 당연한 결과이며, 만약 우리가

파르테논
그리스 인들은 일관성 있는 하나의 생각에서 비롯된 신전들을 아크로폴리스 언덕 위에 세웠고 황량한 풍경을 그 주변에 그려 넣었으며, 그것을 모아 구성에 활용하였다. 때문에 주변의 어느 곳에서든 생각은 동일하다. 바로 이것이 이와 같은 권위를 가진 다른 건축 작품들이 존재하지 않는 이유다. 고결한 목적을 가지고 예술에서의 모든 우연성을 완벽하게 희생시킨 후에 엄격함이라는 더 높은 정신적 수준에 인간이 다다랐을 때 우리는 '도리스식'을 말할 수 있을 것이다.

프로필라이아의 주랑 현관 내부
조형적 계획은 통일성 있게 표현되었다.

프로필라이아

검둥은 어디에서 우러나오는가? 평평한 바닥과 벽과 같은 명확한 요소들 간의 관계에서, 대지를 구성하는 것들과의 조화에서, 구성의 모든 부분으로 그 영향을 미치는 조형적 체계에서 비롯된다. 사용된 재료의 통일성에서 전반적인 문위기 통일성에 이르기까지 생각의 통일성에서 우러나온다.

프로필라이아

감동은 어도의 통일성에서 생긴다. 가장 순수하고, 가장 명료하며, 가장 경제적인 것을 이루고자 하는 바람을 가지고 대리석을 가공한 면에서 감동은 유발된다. 더 이상 치울 것이 없을 때까지, 청동제 트럼 펫처럼 청아하고 비극적인 소리를 내는 건결하고 강한 것들은 남을 때까지 버리고 청소하였다.

에레크테이온
검동이 쉬었었으며, 펌, 이오니아식 테라에 갓섰다. 그러다 파르테논은 이오니아이의 항배들을 여인상 기둥에 새겨 넣었다.

파르테논
어느 주석가註釋家 시인은 아무런 근거도 없이, 도리스식 기둥은 땅에서 솟아난 나무에서 영감을 받은 결과이며 이는 곧 아름다운 예술의 모든 형태가 자연에서 파생된 증거라고 선언하였다. 이것은 터무니없는 말이다. 왜냐하면 그리스에는 곧은 나무가 없으며, 왜소한 소나무나 뒤틀린 올리브나무만 자라고 있기 때문이다. 그리스 인들은 우리의 감각에 직접적이고 강하게 작용하는 조형 체계를 창안하였다. 원주圓柱와 기둥의 세로 홈 장식, 풍부한 의미를 지닌 복잡한 엔타블러처, 수평선과 대조되기도 하고 연결되기도 하는 계단이 그것이다. 그들은 시각 법칙에 완벽하게 들어맞는 각색을 그것들의 윤곽에 적용하여 가장 섬세한 변형을 사용했다.

과학과 그것의 업적을 인정한다면(사랑한다면), 그것은 둘 다 이러한 최초 의지에 따라 규정되었음을 우리가 받아들이도록 하기 때문이다. 만약 수학적 계산의 결과가 만족스럽고 조화로운 것으로 보인다면, 그것들이 축에서 비롯되었기 때문이다. 만약 계산을 통해 비행기가 물고기나 자연의 어떤 형태를 띤다면, 그것은 비행기가 축을 되찾았기 때문이다. 만약 카누와 악기, 터빈 및 모든 실험과 계산의 결과가 우리에게 '조직된' 현상으로 보인다면, 다시 말해 자체 내에 어떤 생명을 가진 것처럼 보인다면, 그것들이 축에 근거를 두고 있기 때문이다. 이로부터 우리는 조화에 대한 정의를 얻을 수 있게 되는데, 그것은 말하자면 인간에게 내재하는 축과 일치하는 순간, 또 우주의 법칙과 일치하는 순간—우주적 법칙에의 귀착—

파르테논
우리는 도리아 건축이 낙원에만 피고 지지 않는다는 꽃 아스포델asphodel처럼 들판에서 자란 것이 아니라는 사실과, 순수한 정신의 창조물이라는 사실을 깨달아야 한다. 도리아 양식의 조형 체계는 너무나 순수하여 마치 자연에서 성장한 것 같은 느낌을 준다. 그러나 그것은 전적으로 인간의 창조물이며, 심오한 조화에서 비롯된 완벽한 느낌을 준다. 사용된 형태는 자연의 모습과는 너무나 거리가 멀고(이집트나 고딕 건축에 비하면 얼마나 더 우월한 것인지) 빛과 재료에 대해서는 너무나 깊이 고찰하여 그것들은 마치 땅과 하늘에 자연스럽게 연결된 것처럼 보인다. 이것은 '바다' 혹은 '산'이라는 사실처럼 우리의 지각에 합치되는 하나의 사실을 창조한다. 인간의 작품 가운데 이와 같이 고매한 수준에 이른 것이 과연 얼마나 될까?

으로 정의된다. 이것은 우리가 어떤 대상을 보고 경험하는 만족감, 순간마다 실제적인 일체감을 가져다주는 만족감의 원인을 설명해 줄 것이다.

파르테논 앞에서 발길이 멈춰지는 것은 그것을 보았을 때 심금이 울렸기 때문이다. 축이 감동을 주었기 때문이다. 그러나 파르테논과 같이 계단석, 기둥, 박공(동일한 기본 요소들)으로 이루어진 마들렌느 성당 앞에서는 멈춰 서지 않는다. 왜냐하면 조잡한 감각 이상으로 마들렌느 성당은 우리의 축에 손을 댈 수 없기 때문이다. 거기서 우리는 심오한 조화를 느끼지 않을 뿐 아니라 감사하는 마음으로 그 자리에 멈춰 서지도 않는다.

파르테논 : 조형 체계

파르테논
여기에 감동을 불러일으키는 기계가 있다. 우리는 냉혹한 기계의 영역에 있다. 이러한 형태들에는 어떠한 상징도 붙어 있지 않다. 그것들은 분명한 감각을 불러일으킨다. 그것들을 이해하는 데 별도의 열쇠는 필요 없다. 거칠, 강렬함, 극도의 부드러움, 섬세함과 위대한 힘이 넘친다. 누가 이런 요소들의 조합을 발견하였는가? 그는 천재적인 발명가다. 이 돌들은 펜텔리쿠스의 채석장에서 형태가 없이 미동도 않고 누워 있었다. 그래서 그것들을 조화롭게 만들려면 엔지니어 대신 위대한 조각가가 필요했다.

프로필라이아
모든 것은 정확히 진술되었고, 몰딩은 빈틈이 없고 견고하며, 주두柱頭의 고리 모양 테와 원주圓柱 맨 위의 관판冠板, abacus 및 처마도리architrave의 띠 사이에는 관계가 설정되어 있다.

자연의 대상들과 아울러 계산을 통한 작품은 명확하게 형성된다. 그들의 조직에 모호함이란 없다. 그것은 우리가 그것의 조화를 잘 볼 수 있고, 그것을 읽고 알고 느낄 수 있기 때문이다. 나는 예술 작품은 명확하게 표현되어야 한다는 점을 기억한다.

만약 자연의 대상들이 **살아 있고**, 계산을 통한 작품들이 우리에게 활기를 불어넣는다면 그 까닭은 그것들에 내재된 의도적인 통일성에 고무되었기 때문이다. 따라서 예술 작품에는 일관되게 추진하는 통일성이 있어야 한다.

만약 자연의 대상과 계산을 통한 창조물들이 우리의 관심과 흥미를 불러일으킨다면, 그것은 둘 다 그것들을 특징짓는 본질적 자세를 지니고 있기 때문이다.

파르테논
밀리미터 단위의 부분까지 세밀하게 다루어졌다. 만두형역주38의 곡선은 커다란 조가비의 곡선처럼 합리적이다. 도리아식 기둥의 테annulet는 땅에서 15m 위에 있지만 코린트식 주두에 장식된 한 다발의 아칸서스 잎 무늬보다 많은 것을 의미하고 있다. 도리아적 정신 상태와 코린트적 정신 상태는 다르다. 정신적 사실에 의해 그들 사이에는 깊은 골이 생긴다.

예술 작품에는 특색이 있어야 하는 것이다.

명확하게 표현하는 것, 작품의 통일성을 고취하는 것은 작품에 본질적 자세 또는 어떤 특색을 부여하는 것을 의미한다. 순수한 정신의 창조물이 되는 것이다.

   이것은 회화나 음악에도 해당한다. 그러나 건축은 자체의 실용적 목적, 즉 내실, 화장실, 라디에이터, 철근 콘크리트 또는 반원 천장이나 첨두 아치 등의 수준으로 그 위상이 격하되었다. 이것은 건축이 아니라 건설이다. 시적 감동이 있을 때 비로소 건축이 되는 것이다. 건축은 조형적인 것이다. '조형적'이란 눈에 보이고 측정된다는 의미다. 만약 지붕이 내려앉거나 난방이 되지 않고 벽에 금이 간다

이것은 에콜 데 보자르에서 실물 크기로 만든 거대한 석고 모형이다. 센 강의 볼테르 기슭Quai de Voltaire에 위치한 이 학교의 교육자가 끼친 영향력은 장식으로 가득 찬 석재 파사드의 가면을 쓴 그랑 팔레가 학생들의 관심을 지배할 정도로 크다.

면 건축이 주는 기쁨이 크게 줄어들 것이다. 바늘방석 위에 앉거나 외풍이 센 곳에서 심포니를 듣고 있는 경우도 그러할 것이다.

거의 모든 시기의 건축은 건설에 대한 탐구와 연계되어 왔다. 흔히 건설이 곧 건축이라고 결론내리기도 했다. 건축가가 주로 당시의 구조적 문제에 집중하여 노력을 기울였기 때문일 것이다. 이것은 혼동의 이유일 수 없다. 사상가가 적어도 자신만의 문법을 지니고 있는 것과 마찬가지로 건축가는 건설에 능통해야 한다. 건설은 문법보다 어렵고 복잡한 과학이기 때문에 건축가는 오랫동안 거기에 매달리게 된다. 그러나 그 수준에 안주해서는 안 된다.

파르테논
밀리미터 단위의 부분까지 세밀하게 다루어졌다. 몰딩은 많은 요소들을 내포하고 있지만, 모든 것은 힘을 배분하기 위하여 분류되어 있다. 놀라운 변형, 즉 띠가 눈에 더 잘 띄게 안쪽으로 굽어 있거나 바깥으로 굽어 있는 모습을 볼 수 있다. 조각된 선들은 명암이 맞닿는 자리에서 윤곽을 알아보기 힘들었을지도 모를 그림자들을 멈추게 한다.

주택의 평면과 입체 및 표면의 일부는 문제의 실용적인 자료에 의해, 또 다른 일부는 상상력과 조형적 창조에 의해 결정되어 왔다. 그것의 평면에서 이미, 그리고 결과적으로 모든 것이 공간에 세워진다는 관점에서, 건축가는 조형예술가였다. 그는 자신이 추구하는 조형의 목적을 위하여 공리적 요구를 억제해 왔다. **그는 창작한 것이다.**

이제는 얼굴 윤곽을 조각해야 할 때다. 그는 자신이 말하고자 하는 것을 뒷받침하기 위해 빛과 그림자를 이용했다. 이로써 윤곽이 생겨난다. 이 윤곽은 모든 속박으로부터 자유롭다. 이것은 어떤 얼굴을 눈부시게 하거나 시들게 하는 완전한

파르테논
대리석으로 만들어진 이 조형적 기계 전체는 우리가 기계에나 적용되는 것으로 배워 왔던 엄격성을 준수하고 있다. 그것은 광택을 노골적으로 드러내는 강철의 인상을 자아냈다.

창안물이다. 윤곽을 통해 우리는 조형예술가를 인정하게 된다. 엔지니어는 지워지고 조각가가 일하는 것이다. 윤곽은 건축가의 시금석이다. 윤곽 때문에 그는 궁지에 몰린다. 자신이 조형예술가인지 아닌지를 결정해야 한다. 건축은 빛 아래에 볼륨들을 숙련되고 정확하고 장엄하게 모으는 작업이다. 윤곽도 빛 아래에 볼륨들을 숙련되고 정확하고 장엄하게 모으는 작업이다. 윤곽은 실제적 인간, 용감한 인간, 영리한 인간에게 관심을 갖기보다는 조형예술가를 필요로 한다.

그리스 그리고 그리스 중에서도 파르테논은 정신의 순수한 창조물의 극치를 표방해 왔다. 윤곽이 바로 그것이다.

우리는 그것이 더 이상 용도, 전통, 건설 방식, 실용적 필요에 대한 적응의 문제가 아님을 추정해 볼 수 있다. 그것은 순수한 발명의 문제이며, 한 인간의 발명품

파르테논
윤곽에서의 엄격성, 도리아식 도덕 관념

이라는 점에서 개인적인 문제이다. 파르테논의 공식 건축가인 익티누스와 칼리크라테스가 차갑고 그리 흥미롭지 않아 보이는 도리아식 사원들을 짓는 동안 페이디아스는 파르테논을 건설하였다. 정열, 관용, 영혼의 위대함은 정확한 관계로 정리된 양률인 윤곽의 기하학에 기입된 미덕이다. 파르테논은 위대한 조각가 페이디아스가 만든 것이다.

전세계 어느 곳에도, 어느 시대에도 이와 견줄 만한 건축물이 존재한 적은 없다. 그것은 가장 고상한 사고에 자극을 받은 한 인간이 그 사고를 빛과 그림자의 조형물로 결정화한 가장 첨예한 순간이었다. 파르테논의 윤곽은 무오無誤하고 준엄하다. 그것의 엄격함은 우리의 습관과 인간의 정상적인 실현성을 능가한다. 여기에서 감각의 생리학과 그것에 가해질 수 있는 수학적 고찰에 대한 가장 순수한

파르테논
정사각형 몰딩의 대담함

증거가 확정된다. 우리는 감각에 의해 한 자리에 멈춰 서게 되고 황홀해진다. 그리고 조화의 축에 감동한다. 이것은 종교적 교조의 문제도, 상징적 기술의 문제도, 자연적 형상의 문제도 아니다.

지난 2000년 동안 파르테논을 보아 온 사람들은 거기에 건축에서의 결정적인 순간이 있었음을 느꼈다.

우리는 결정적 순간을 대면하고 있다. 예술이 나아갈 길을 모색하고 있는, 예를 들어 회화가 건강한 표현 방식을 조금씩 찾아가면서 감상하는 사람을 강렬하게 자극하고 있는 오늘날, 파르테논은 수학적 질서가 주는 고차원적인 감동에 대한 확신을 우리에게 보여 준다. 예술, 그것은 시詩다. 감각의 감동이자 측정하고 감상하는 정신의 기쁨이며, 우리 존재의 깊은 곳을 감화시키는 축의 원리에 대한 인식이다. 예술, 그것은 인간이 도달할 수 있는 창조의 최고점을 우리에게 보여 주는, 정신의 순수한 창조물이다. 그리고 인간은 **자신이 창조하고 있다고 느낄**

파르테논
정사각형 몰딩의 대담함, 엄격함과 고결함

때 커다란 행복을 느끼게 된다.

*이 장에 소개된 사진은 알베르 모랑세 출판사 Éditions Albert Morancé, 30 et 32, rue de Fleurus, Paris에서 출간한 콜리뇽 Collignon의 저서 『파르테논 Parthénon』과 『라크로폴 L'Acropole』에서 전재한 것이다. 파르테논과 아크로폴리스에 대한 매우 정확한 자료가 실려 있는 이 두 저서는 조형예술가로서의 인내심과 창의성, 특성을 발휘하여 위대한 시대의 주요 그리스 작품들을 우리에게 보여 준 사진가 프레데릭 부아소나 Frédéric Boissonnas의 재능 덕분에 실현될 수 있었다.

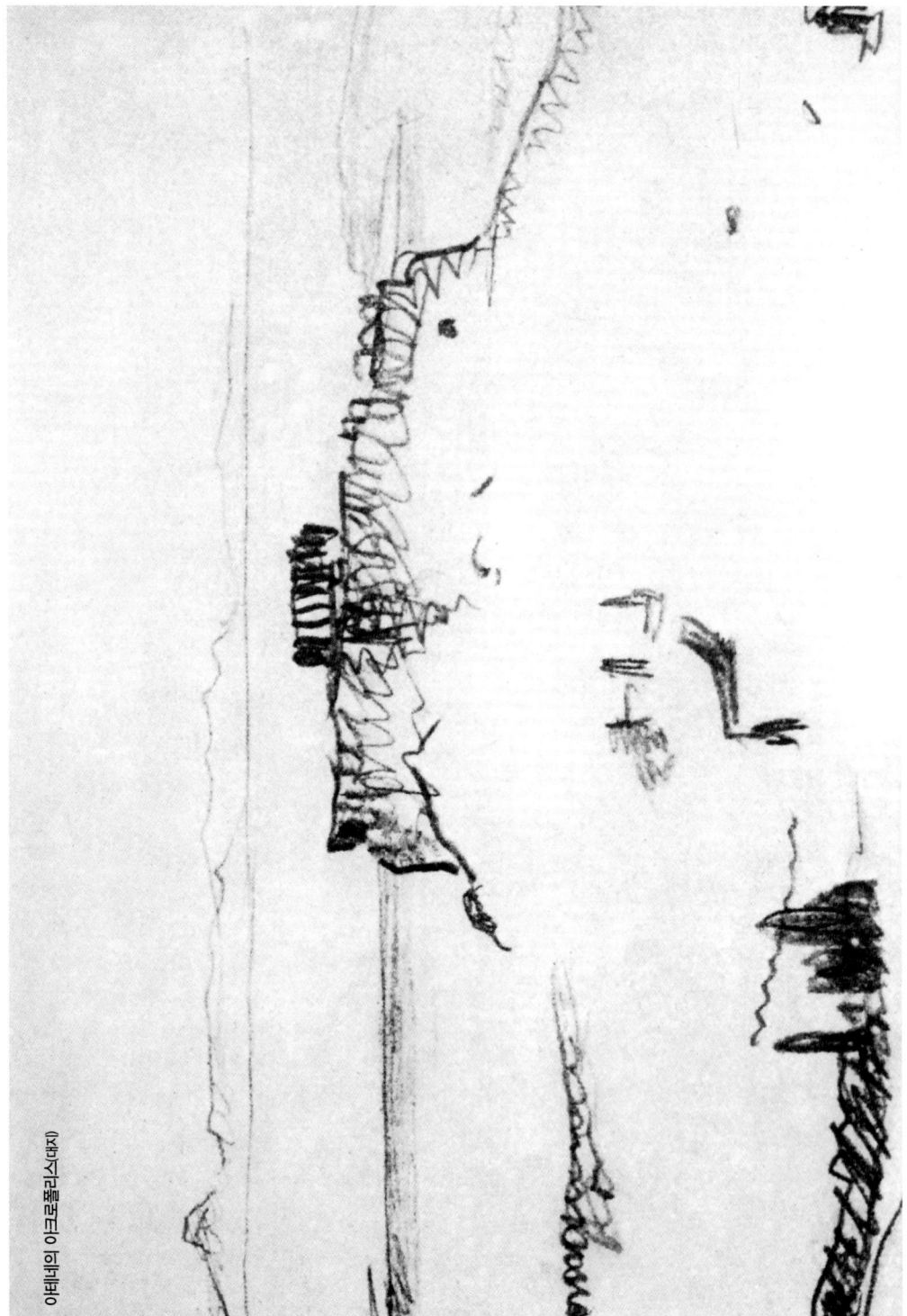

아베세의 이 풍경소묘(소장처)

파르테논
박공벽 fronton의 3각면 tympan은 꾸밈이 전혀 없다. 처마장식의 단면은 엔지니어의 윤곽선만큼 빈틈이 없다.

MAISON EN SÉRIE

대량 생산 주택

S

사진 : 오스타슈Hostache

위대한 시대가 시작되었다.

거기에 새로운 정신이 존재한다.

정해진 목표를 향해 도도히 흐르는 대하大河처럼 번져 가는 산업은 새로운 정신에 의해 활기를 띠게 된 이 새로운 시대에 적합한 도구를 우리에게 가져다준다.

경제 법칙은 우리의 행위와 사고를 지배한다.

주택 문제는 그 시대의 문제다. 오늘날 사회의 안정 여부는 주택 문제에 좌우된다. 건축은 이 변혁의 시기에 첫 과업으로서 (기존의) 가치를 재조명하고 주택의 구축 요소들을 수정해야 한다.

대량 생산은 분석과 실험을 기반으로 한다.

규모가 큰 기업은 건설업을 떠맡아 주택을 구성하는 요소들을 대량 생산의 기반 위에 정립시켜야 한다.

대량 생산의 마음가짐을,

주택을 대량 생산하고자 하는 마음가짐을,

대량 생산 주택에서 살고자 하는 마음가짐을,

대량 생산 주택을 이해하고자 하는 마음가짐을 창조해야 한다.

만약 주택에 대한 과거의 고정 관념들을 제거하고 비판적이며 객관적인 견지에서 문제점을 직시한다면, 건강하고(도덕적으로도 물론이고) 우리의 삶과 동행하는 작업 도구들이 지닌 미학에서 발견할 수 있는 것처럼 아름다운 주택-도구, 즉 대량 생산 주택에 이르게 될 것이다.

엄격하고 순수한 유기체들에 부여할 수 있는 모든 생명력을 지닌 예술가의 감성은 아름답다.

얼마 전 프로그램이 확정되었다. 루쉐르와 본느베이는 저가低價주택 50만 호를 건설하기 위한 법안을 제출하였다. 이것은 건축 역사에서 예외적인 사건이자 특별한 수단과 방법을 필요로 하였다.

이처럼 모든 방안을 동원해야 함에도 이 방대한 프로그램을 실현시키기 위한 아무런 준비도 되어 있지 않다. **올바른 마음가짐이 존재하지 않는 것이다.**

주택을 대량 생산하고자 하는 마음가짐이, 대량 생산 주택에서 살고자 하는 마음가짐이, 대량 생산 주택을 이해하고자 하는 마음가짐이 없는 것이다.

모든 방안을 동원해야 함에도 아무것도 준비되어 있지 않다. 주거건물의 영역에는 아직 전문화의 개념이 도입되지 않았다. 이를 위한 작업장도, 전문 기술자도 없다.

그러나 그것이 어느 때든, 대량 생산의 정신이 생겨나는 순간 모든 것은 빠르게 시작될 것이다. 사실상, 자연의 힘처럼 강력하고 최종점을 향해 도도히 흘러가는 강처럼 모든 것을 침식해 나가는 산업은 모든 유형의 건물에서 천연 재료를 변형시켜 이른바 '신재료'를 생산하려는 경향을 점점 더 강하게 드러내고 있다. 신재료에는 시멘트와 석회, 철골 보, 위생 설비, 단열재, 도관, 철물류, 방수 합성물 등 여러 가지가 있다. 이 재료들은 공사장에 일순간 무질서하게 도착하여 현장에서 허겁지겁 사용됨으로써 막대한 일손을 필요로 하고 조잡한 결과물을 초래한다. 왜냐하면 여러 가지 작업 대상이 표준화되지 않았기 때문이다. 필요한 마음가짐이 아직 준비되어 있지 않았기 때문에 다양한 단위들에 대해 심도 있는 관심을 기울였던 적이 없을 뿐 아니라 건설에 대한 연구도 적었다. (감염이나 설득에 의해) 건축가와 일반인들은 대량 생산의 정신을 해로운 것이라고 여겨 온 터였다. 곰곰이 생각해 보라. 마침내 지-역-주-의 régionalisme의 결론에 이르러 숨이 콱 막힌다. 아이쿠, 숨막혀! 가장 우스꽝스러운 것은 우리가 이끌려 가는, 지역주의에 휩쓸린 지역의 황폐화다. 모든 것을 재건해야 하는 엄청난 과업을 앞두고 사람들은 그리스 신화에 나오는 목신牧神의 피리를 얻고자 하였으며, 그것을 위원회에서 불어댔다. 그러고는 그에 대한 결의안을 투표에 부쳤다. 그것의 한 예로, 노르Nord 철도회사에 파리-디에프Paris-Dieppe 노선에 서른 개의 철도역을 각기 다

르 코르뷔지에, '도미노Domino' 구조에 의한 대량 생산 주택군, 1915

1915년의 철과 시멘트 가격은 철근 콘크리트의 실용화를 가능하게 하였다. 공급회사가 6시경에 층별로 미리 만들어진 견고한 골조를 현장에 반입하였다. 특별히 숙련된 노동력 없이도 시공할 수 있는, 이긴 흙과 벽돌 또는 블록 등을 활용한 경량벽과 칸막이가 사용되었다. 두 슬래브 사이의 높이는 모두 공통적인 기본 치수에서 비롯된 문과

르 코르뷔지에, 철근 콘크리트 주택, 1920

마치 액체 시멘트로 병을 채우듯이 콘크리트를 위에서 부어 건설했다. 이 주택은 3일 만에 완성되었다. 마치 주물로 뜬 부품처럼 거푸집에서 나오는 것이다. 그러나 사람들은 너무나 '소탈한' 이 작업방식에 반감을 드러

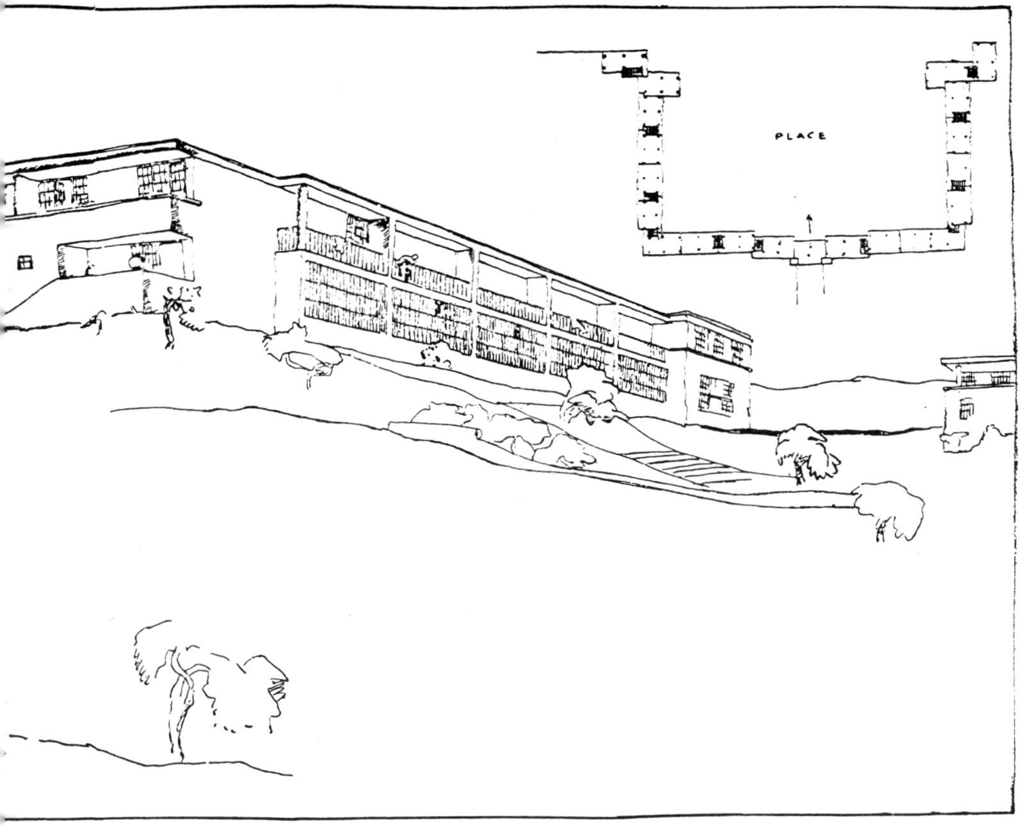

문 위쪽의 채광창, 옷장, 창문의 높이에 따라 정해졌다. 일반적인 시공 순서와 달리 공장에서 공급된 목공 세공품들이 벽보다 먼저 세워짐에 따라 벽과 칸막이가 설치될 건축선이 저절로 형성되었다. 벽이나 칸막이는 이 목공 세공품들 주변을 쌓아올려 막음으로써 만들어지고, 집은 벽돌공 단 한 명에 의해 건설될 수 있었다. 그러고 나면 배관 작업만 남게 된다(머지않아 오늘날 우리가 이용하는 창보다 더욱 완전하게 만들어진 창을 사용하게 될 것이다).

내었다. 3일 만에 지어진 이 주택을 믿지 못하는 것이다. 1년이라는 시간에 걸쳐 뾰족 지붕, 천창과 고미다락방을 갖추어야만 집이라고 생각하는 것이다!

른 양식으로 건설하도록 압력을 행사한 사건이다. 급행 증기열차가 출발하기 위해 열을 가하는 서른 개의 역이 각각 다른 언덕과 언덕을 아름답게 꾸미는 사과나무를 가지고 있고 나름대로의 특성과 영혼을 지녔다는 이유에서였다. 이야말로 파멸로 몰고 가는 목신의 피리가 아닌가!

산업의 발전이 '건물'에 끼친 가장 중요한 영향은 다음과 같은 첫 단계에서 드러난다. 즉 자연 재료가 인공 재료로, 이질적이고 미심쩍은 재료가 (실험실에서 연구되고 증명된) 등질의 인공 재료로, 재료의 구성비가 정해진 생산물로 대체되는 것이 그것이다. 구성비의 변동이 심한 천연 재료를 구성비가 확정된 재료로 대체해야 한다.

다른 한편으로 경제 법칙은 자신의 권리를 요구한다. 형강形鋼과 가장 최근의 생산품인 철근 콘크리트는 재료를 완전하고 정확하게 사용하면서 계산을 순수하게 표명한다. 반면에 과거 세상의 목재 보 속에는 믿기 어려울 정도로 큰 옹이가 잠복해 있을지 모른다. 사각형으로 이런 보들을 매다는 방식은 심각한 재료 손실을 가져온다.

최근 어떤 분야에서는 전문 기술자들이 이미 영향력을 행사하고 있다. 용수 공급 시설과 조명 설비는 빠른 속도로 개선되고 있다. 중앙 난방의 도입으로 벽과 창―예컨대 냉각되기 쉬운 표면들―의 구조가 재고되고 있으며, 그 결과 1m 또는 그 이상의 두께를 지닌 벽의 경우 오랜 기간 훌륭한 재료로 사용되었던 돌보다는 경량 판으로 된 가벼운 공동空洞 벽을 선호하였다. 논쟁의 여지가 거의 없었을 만큼 당연시되어 왔던 기존의 것들은 더 이상 자신의 지위를 유지할 수 없게 되었다. 빗물의 배수를 위하여 뾰족해야 했던 지붕, 빛을 가두어 우리에게서 빛을 빼앗아 버린, 우리를 성가시게 하는 크고 잘생긴 창구멍들, 당신이 기뻐할 만큼 굵고 영구히 건물을 지탱할 만큼 무겁지만 불과 3mm 두께의 특허제품 판자도 견딜 수 있는 열에 속절없이 휘어지고 쪼개어지는 육중한 목재 보들이 그것이다.

좋았던 옛 시절에는 (아이! 유감스럽게 오늘날에도 계속되는) 큰 말들이 엄청나게 많은 돌을 현장에 실어 나르고, 많은 인력이 그것을 하역하여 자르고 손질한 후 비계 위로 들어올려 설치 장소에 놓고, 자를 들고 모든 표면을 오랜 시간 수정하는 작업은 흔한 일이었다. 이런 건물을 짓는 데 2년이 걸릴 수도 있다. 오늘날은 수개월 내에 건물을 지을 수 있다. 피레네조리앙탈Pyrénées-Orientales 도道에서는 거대한 톨비악Tolbiac 냉장건물이 단 몇달 만에 완성되기도 했다. 여기에 사용된 재료는 모래와 땅콩 크기의 광재鑛滓로 한정되었다. 벽들은 피막처럼 얇다. 그러나 엄청나게 많은 위탁 화물들이 이 건물에 저장된다. 내·외부의 온도차를 극복하고 그곳에 적재된 거대한 하중을 견디는 데에는 11cm 두께의 얇은 칸막이 벽으로 충분하였다. 정말 세상이 바뀐 것이다!

현재 운송이 커다란 어려움에 처해 있다. 집들은 무게가 엄청날 것이 분명하다. 만약 그 무게가 5분의 4만큼만 줄어들어도 그야말로 현대식이 될 것이다!

전쟁은 우리를 뒤흔들어 놓았다. 토건업자들은 정교하고 견고하며 신속한 기계를 구입하였다. 공사 현장은 머지않아 공장이 될 것인가? 마치 병을 채우듯 액체형의 콘크리트를 위에서 부어 하루 만에 완성되는, 주물을 이용한 집을 짓자는 논의도 있다.

하나의 일은 다른 일에 영향을 미치게 마련이다. 그 많은 대포, 비행기, 화물 자동차와 화물 기차 등이 공장에서 제조되자 어떤 이들은 "왜 집은 그렇게 만들지 않는가?"라는 질문을 던지기도 하였다. 바로 여기에서 진정 우리 시대에 걸맞은 마음가짐을 가지게 되는 것이다. 아무것도 준비되어 있지 않지만, 모든 것을 성취할 수 있다. 다가올 20년 동안 거대 산업은, 야금술의 그것과 유사하게, 표준화된 재료들을 통합하게 될 것이다. 기술적 성취는 난방과 조명, 합리적 건설 방법을 우리가 알고 있는 그 어떤 것보다 우월한 위치로 끌어올릴 것이다. 공사 현장은 더 이상 모든 문제가 누적되어 복잡하게 뒤얽힌 고립된 쓰레기장이 되지 않을 것이다. 재정적·사회적 조직은 합의를 거쳐 효과적 방법으로 주택 문제를 해결할 것이며, 공사 현장은 마치 정부 기관처럼 거대한 규모로 운영되고 개발될 것이다. 도시와 근교의 주거지는 거대해지고 직교할 것이며, 더 이상 절망적으로 흉칙하게 되지 않을 것이다. 그것은 대량 생산된 요소들의 사용과 현장의 산업화를 가능하게 할 것이다. '주문에 따라' 건설하는 일은 마침내 그치게 될 것이다. 불가피한 사회 발전은 임대인과 임차인의 관계를 변형시키고, 주거의 개념을 수정하며, 도시는 혼란스러워지는 대신 정돈될 것이다. 주택은 더 이상 이와 같이 묵직한, 시간과 마모에 도전하는, 그것을 통해 부富를 자랑하는 호사스러운 대상이 되지 않을 것이다. 주택은 자동차가 도구가 되어 가는 것처럼 하나의 도구가 될 것이다. 주택은 더 이상 깊은 기초에 의해 땅에 무겁게 뿌리내린, 그 위에 가족과 종족의 제단이 너무나 오랫동안 집약되었던 대상으로서 '단단하게' 지어진, 시대에 뒤떨어진 존재가 되지 않을 것이다.

르 코르뷔지에, '도미노' 주택, 1915
간소한 노동자 주택의 입방체당 드는 공사비와 동일한 비용으로 설정된 건설 기법이 여기서는 경영자의 집에 적용되었다. 이 건설 기법의 건축적 수단은 대범하고 리듬감 있는 배치는 물론이고 진정한 건축을 가능하게 하였다. 대량 생산 주

주거용 건물에 대한 경직되고 고정된 개념에서 객관적이고 비판적인 시각으로 문제를 직시하라. 그러면 당신은 모든 사람에게 유용하고 옛것과는 비교도 할 수 없을 만큼 건강하며(도덕적으로도 그러하다), 우리들의 현존에 친숙한 작업들은 아름답다는 것과 같은 의미로 아름다운, 대량 생산 주택인 '주택-도구'의 결론에 도달할 것이다.

이것은, 예술가들의 감수성이 엄격하고 순수한 유기체들에 부여할 수 있는 생

택의 원리가 도덕적 가치를 갖는 것은 바로 이 점이다. 즉 부자와 가난한 자의 주거 사이에 존재하는 모종의 연관성, 부자들의 주거가 지닌 품위를 함께할 수 있다는 것이다.

명력을 지니고 있어, 아름답다.

그러나 대량 생산 주택에 살기 위한 올바른 마음가짐을 창조해야 한다.

사람들은 누구나 자기 소유의 안전하고 영구적인 집에서 안주하고 싶어한다. 그러나 이 꿈이 도저히 실현 불가능할 때, 사람들은 감정적 히스테리를 일으키기도 한다. 자신의 집을 짓는다는 것은 마치 유언을 남기는 것과 흡사하다……. 내 집을 지을 때면…… 현관에 내 모습을 새긴 조각상을 놓아 둘 것이며 나의 애견

대량 생산 주택 | 235

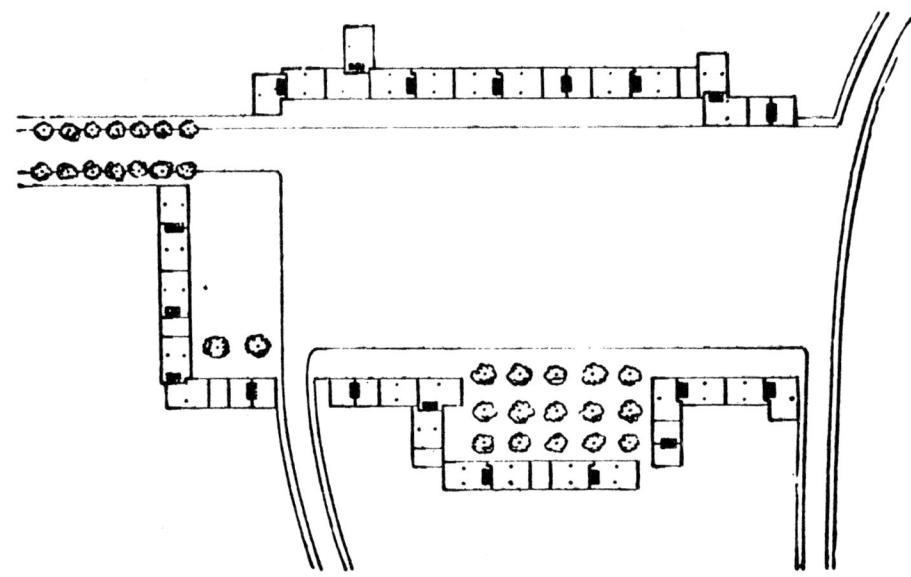

'도미노' 이론에 의한 주택단지 계획

'도미노' 주택, 숙소와 작업실
하중을 견디는 내력벽은 없다. 창은 집 주변을 일주한다.

르 코르뷔지에, '도미노' 주택의 내부
창, 문, 벽장은 모두 대량 생산된 것이다. 창은 둘, 넷 또는 한 다스의 창 단위들을 필요에 따라 더하여 구성한다. 상부에 채광창이 있는 문 하나나 둘 또는 채광창이 없는 문, 위에는 거울이 달려 있고 아래에는 서랍이 있어 서가 기능도 하는 벽장들, 다리가 달린 낮은 서랍장들, 서비스용 찬장 등도 필요에 따라 추가하여 사용할 수 있다. 대기업에서 공급하는 이 요소들은 모두 공통된 기본 치수에 따라 제조되었다. 그것들은 서로에게 정확하게 들어맞는다. 주택의 골조작업이 끝나면 이 요소들은 텅 빈 뼈대 속의 적절한 장소에 배치되어 가느다란 각재로 임시 고정된다. 빈 곳은 석고판이나 벽돌 또는 각재 세공으로 채워진다. 관습적인 작업 순서가 뒤바뀌었으며 공사 기간도 몇 달 단축되었다. 소중한 건축적 통일성을 획득하였으며, 기본 치수를 사용함으로써 집 안에서 좋은 비례를 얻게 되었다.

인 케티의 응접실도 마련할 것이다. 만약 내 집을 가진다면, 기타 등등. 마치 신경과 의사를 위한 주제 같다. 이 집을 짓는 때가 왔을 때, 그것은 석공이나 기술자의 시간이 아니라 자기의 인생에서 최소한 하나의 시詩를 짓는 시간이다. 그러므로 우리는 최근 40년 동안 우리의 도시와 근교에서 주택이 아닌 시들을, 생 마르탱 Saint-Martin의 여름 시를 지니게 되었다. 왜냐하면 집은 경력의 완성이며…… 생활로 인해 많이 늙고 지쳐 류머티즘과 죽음…… 그리고 가당치 않은 생각에 사로잡혀 버리는 바로 그 순간이기 때문이다.

르 코르뷔지에, 예술가의 집, 1922
골조는 철근 콘크리트로 되어 있으며, 공동空洞 벽체를 이루는 두 겹의 칸막이용 벽두께는 각각 4cm이다. 문제점을 분명하게 파악해야 한다. 요구 조건에 따라 주거 유형을 결정하라. 기차나 도구 등에서 나타났던 문제를 해결한 방식으로 의문점을 해결하라.

르 코르뷔지에, 거친 콘크리트 주택, 1919
땅은 자갈로 덮여 있었다. 그곳에서 직접 골재를 채취하게 된다. 40cm 두께로 석회와 자갈이 부어졌다. 건물의 바닥은 철근 콘크리트로 시공하였다. 특별한 미학이 이러한 작업 방식에서 직접 파생된다. 근대적 현장에서 경제성은 근대건축의

르 코르뷔지에, 대량 생산 노동자 주택, 1922
분별 있는 주택 계획에 따른 주택은 여러 각도로 나타날 수 있다. 콘크리트로 된 기둥 네 개와 '시멘트총 cement-gun'으로 시공한 벽들. 미학? 건축은 낭만적인 것이 아니라 조형적인 것이다.

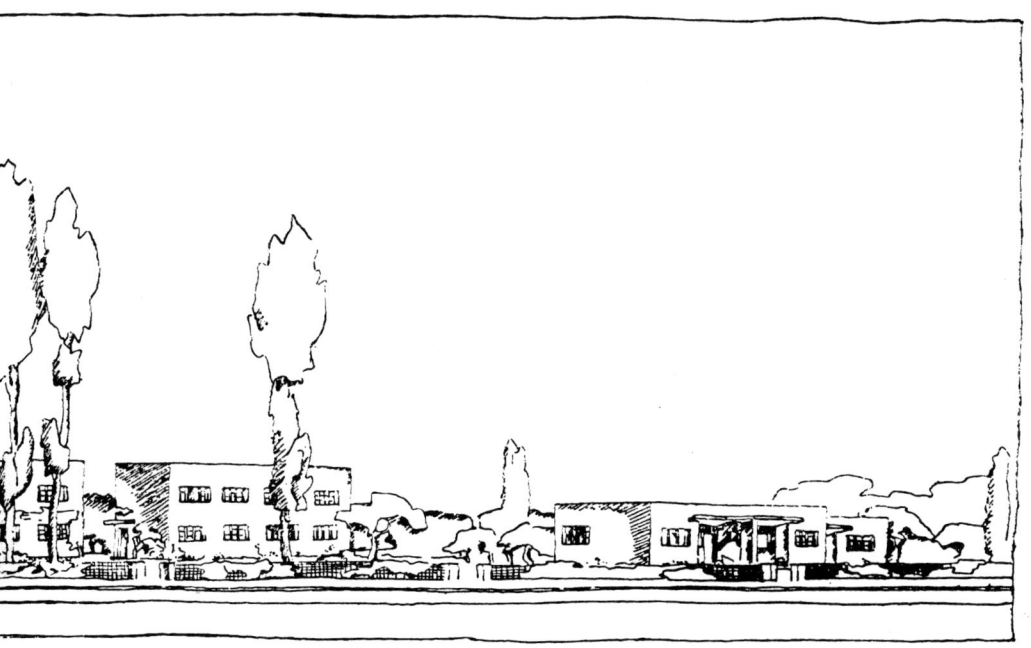

가장 위대한 획득물인 직선만 사용하기를 요구하는데, 이것은 문명이 주는 혜택이다. 우리의 정신에서 낭만적 거미집을 청소해야 한다.

르 코르뷔지에, 대량 생산 주택 '시트로앙 Citrohan'(시트로앵 Citroën이 아님), 1921

이 주택은 자동차와 같은 주택, 버스나 배의 선실처럼 고안되고 구성되었다. 주거와 관련해 오늘날 필요한 것들(원가)은 명확하게 밝혀질 수 있고 그에 대한 해법을 요구하고 있다. 우리는 공간을 잘못 사용한 구시대의 주택에 맞서 싸워야 한다. 그리고 주택을 살기 위한 기계나 도구로 여겨야 한다. 사람들은 어떠한 사업을 시작할 때 필요한 설비들을 구입한다. 살림을 시작할 경우 실상 우스꽝스러운 주택을 임차하게 된다. 지금까지 주택은 다수의 큰 방들을 모순되게 모으는 것으로 구성되어 왔다. 이 방들에서 공간은 속박되고 낭비되어 왔다. 오늘날은 다행스럽게도 이런 관습을 계속 유지할 만큼 부유하지 못하다. 또 주택이 살기 위한 기계라는 진정한 관점에서 문제를 고찰하기 원치 않으므로 도시에 건설할 수 없을 뿐 아니라 재난을 초래하는 위기도 뒤따르게 된다. 물론 세입자가 사고방식을 바꾼다는 가정하에서, 예산을 세워 훌륭하게 구성된 건물들을 세울 수 있었을 것이다. 게다가 그는 필요성이 유발시키는 충동을 따랐을 것이다. 창과 문의 크기는 재조정해야 한다. 열차와 리무진은 사람이 좀더 작은 개구부를 통과할 수 있다는 것과 필요한 면적을 cm² 단위까지 정확하게 계산할 수 있다는 것을 보여 주었다. 화장실을 4m² 넓이로 만드는 것은 죄악이다. 건설 비용이 네 배나 비싸졌기 때문에 겉치레에 드는 비용은 물론이고 주택의 부피도 반으로 줄여야 한다. 이후 발생하는 문제는 전문 기술자의 몫이다. 산

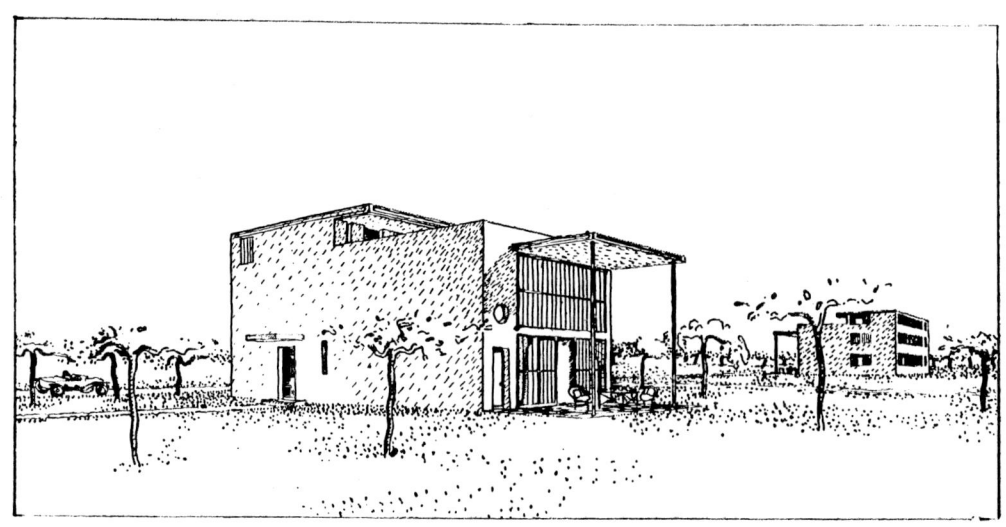

르 코르뷔지에, 72m² 넓이의 대량 생산 주택, 1922
콘크리트 골조. 9m×5m 크기의 큰 방. 부엌, 하인방, 침실, 욕실, 내실, 두 개의 침실, 일광욕실

업이 전문 기술자들이 성취한 발명에 의지하게 되는 것이다. 자신의 마음가짐을 완전히 바꾸게 된다. 미美? 그것은 비례가 있는 곳이면 언제나 존재하게 마련이다. 비례는 집주인에게 어떠한 비용도 요구하지 않는 반면에 건축가에게는 수고를 요구한다. 이성이 만족했을 때에 비로소 마음이 감동하는데, 이성은 사물들이 계산을 통해 구상될 때 존재하는 것이다. 뾰족지붕이 없는 주택에 살거나 철판처럼 매끈한 벽, 공장의 창틀을 닮은 창을 가졌다는 것을 부끄러워하지 않아야 한다. 이와 반대로, 타자기처럼 실용적인 주택을 가졌다는 것은 자랑할 만한 일이다.

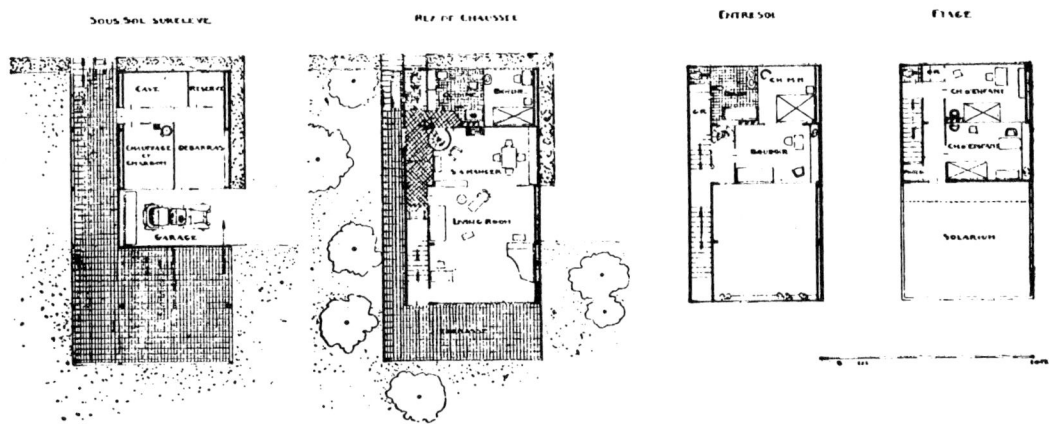

르 코르뷔지에, '시트로앙 주택', 1921
현장에서 제작되어 윈치로 조립된 콘크리트 골조. 벽은 20cm의 중공中空을 갖는 금속판 양편에 두께 3cm의 콘크리트 피막을 입혔다. 바닥 슬래브는 동일한 기준 치수에 따라 제작되었다. 공장형 창틀은 간이 통풍구를 갖추고 있으며, 역시 동일한 기준 치수에 따라 만들어졌다. 각 실의 배치는 가정 생활을 영위하는 데 적합하다. 각 실의 용도에 적합할 만큼 빛도 풍부하다. 위생상의 요구가 충족되고, 하인들을 위한 배려도 충분하다.

르 코르뷔지에, '모놀' 주택Maison 'Monol', 1919
운송이 위기를 맞았다. 일반 주택이 너무 무거운 것이다. 벽돌, 목공 세공품, 콘크리트, 바닥 마감재, 기와, 골조 등 다량의 자재를 화차로 프랑스의 각 지방에 운반하는 데에는 많은 비용이 든다. 공장에서 주택을 만들 필요성이 생겼다. 공장에서 제작한 주택의 건설 원리는, 조약돌과 작은 자갈 같은 거친 재료들이나 현장에서 쉽게 구할 수 있는, 철거 등으로 발생한 재료들로 채워진 높이 1m의 기초 상부에 석회유로 살짝 붙인, 벽에 중요한 단열계수를 확보하기 위해 두 판 사이에 큼직

르 코르뷔지에, '모놀' 주택
대량 생산 주택에 대해 말할 때에는 반드시 단지계획을 언급해야 한다. 건설 요소들이 지닌 통일성은 미美를 보증한다. 건축의 전체적 효과에 필요한 다양성은 훌륭한 질서와 건축의 진정한 운율로 이끄는 계획에 의해 제공된다. 잘 계획되고

한 틈을 둔, 7mm 두께로 접힌 석면 시멘트 판으로 방들을 구획하는 것이다. 천장과 바닥은 몇 cm 두께의 콘크리트 덮개를 수용하는 거푸집 역할을 하는 물결 모양의(곡면이 매우 팽팽하게 당겨진) 시멘트 판으로 만들어졌다. 아치 모양의 이 판은 그대로 남아 있으면서 단열층을 형성한다. 창과 문의 목조부는 시멘트 판으로 방들을 구획함과 동시에 제자리에 맞춰진다. 주택은 단 하나의 직업 집단에 의해 완성되며, 두께 7mm의 이중 석면 시멘트 주형만 운반하면 된다.

대량 생산을 통해 건설된 마을은 평온하고 질서 있으며 청결한 인상을 줄 것이며, 불가피하게 거주자들에게 소정의 규율을 요구할 것이다. 미국인들이 담을 없앤 사례는 타인의 재산을 존중하는 새로운 정신을 보여 준 것이다. 담을 없앤 결과 교외는 공간감을, 모든 사람은 태양과 빛을 얻었다.

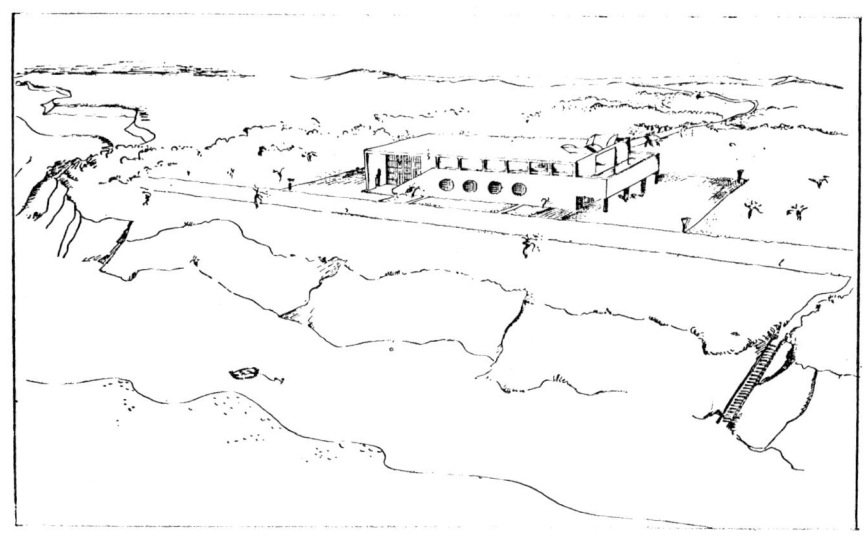

르 코르뷔지에, 대량 생산된 요소들로 건설된 해변 별장, 1921
두 방향으로 5m마다 철근 콘크리트 기둥들이 박혀 있다. 약간 둥근 천장은 철근 콘크리트 슬래브를 사용한 것이다. 산업용 건물과 정확하게 일치하는 이러한 골조 안에서의 평면은 얇은 칸막이 벽을 사용하여 필요에 따라 배치된다. 비용은 매우 저렴하다.

미美는 가장 중요한, 변조된 통일성에서 얻어진다. 이러한 건물을 짓는 데 든 저렴한 건설 비용은 더 복잡한 형태의 구조로 된 건물을 짓는 데 드는 비용과 비교할 때 더 넓은 대지에 더 큰 건물을 짓는 것을 가능하게 한다. 경량으로 건립된 벽과 칸막이들은 언제든지 재조정할 수 있으므로 평면 역시 쉽게 변경할 수 있다.

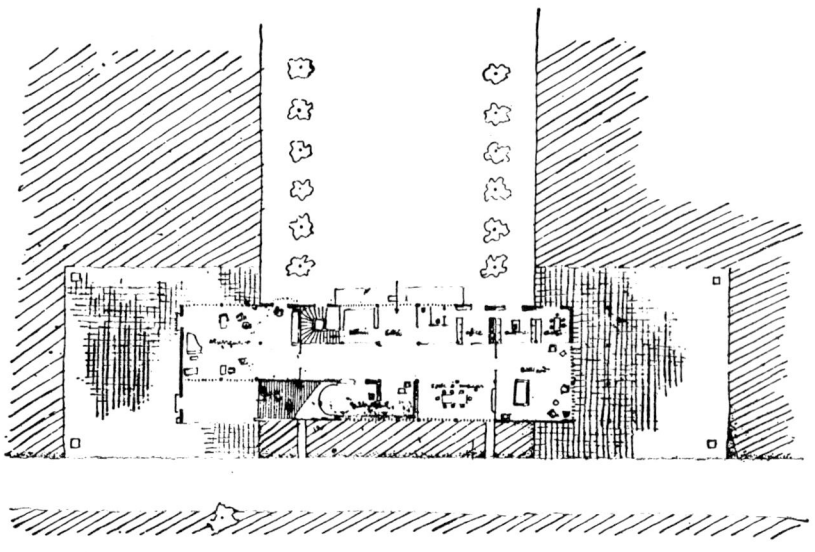

별장의 평면, 기둥이 규칙적으로 배열되어 있다.

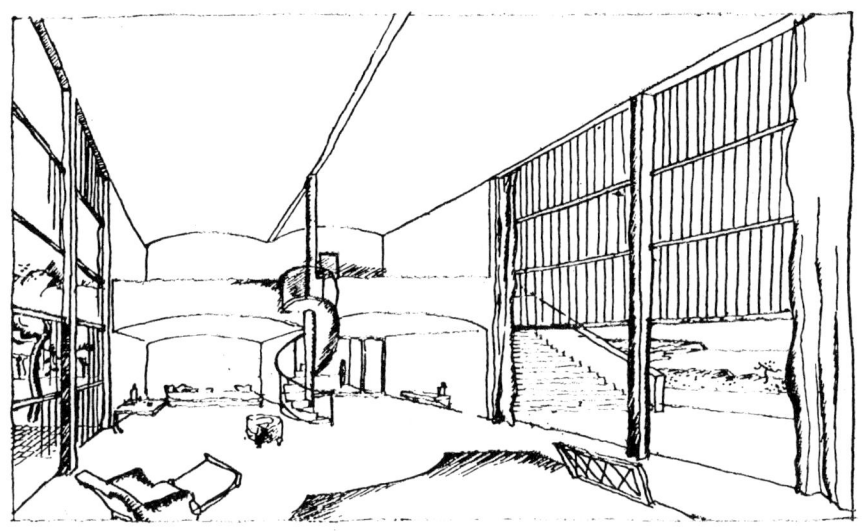

해변 별장의 응접실
단면이 동일한 기둥들, 천장의 곡면 판들, 창의 표준 요소들, 채워진 부분과 비워진 부분은 이 건물의 건축 요소들을 구성하고 있다.

르 코르뷔지에, 쾌적한 집 규모에 초점을 맞춘 '모놀' 주택의 내부
만약 교양 있는 사람들이 완벽한 조화를 지닌 집을 시내에 있는 자신들의 아파트보다 저렴한 비용으로 대량 건설할 수 있다는 사실을 알았다면, 교외선을 담당하는 생 나자르 역을 수치스럽고 애처로운 광경으로 짓는 것을 중지시키고자 철도청에 압력을 넣었을 것이다. 그들은 이 역을 베를린 형Berlinois으로 완벽하게 만들 수 있었을 것이다. 그렇게 되면 도시 근교의 이 넓은 땅을 이용할 수 있었으리라. 대량 생산 주택은 가장 실용적이고 순수한 미학을 가진 해결책을 정확하게 제시했을 것이다. 그러나 아직은 철도 회사들과 대량 생산 요소들을 공급해야 하는 대기업이 각성할 때까지 기다려야 한다.

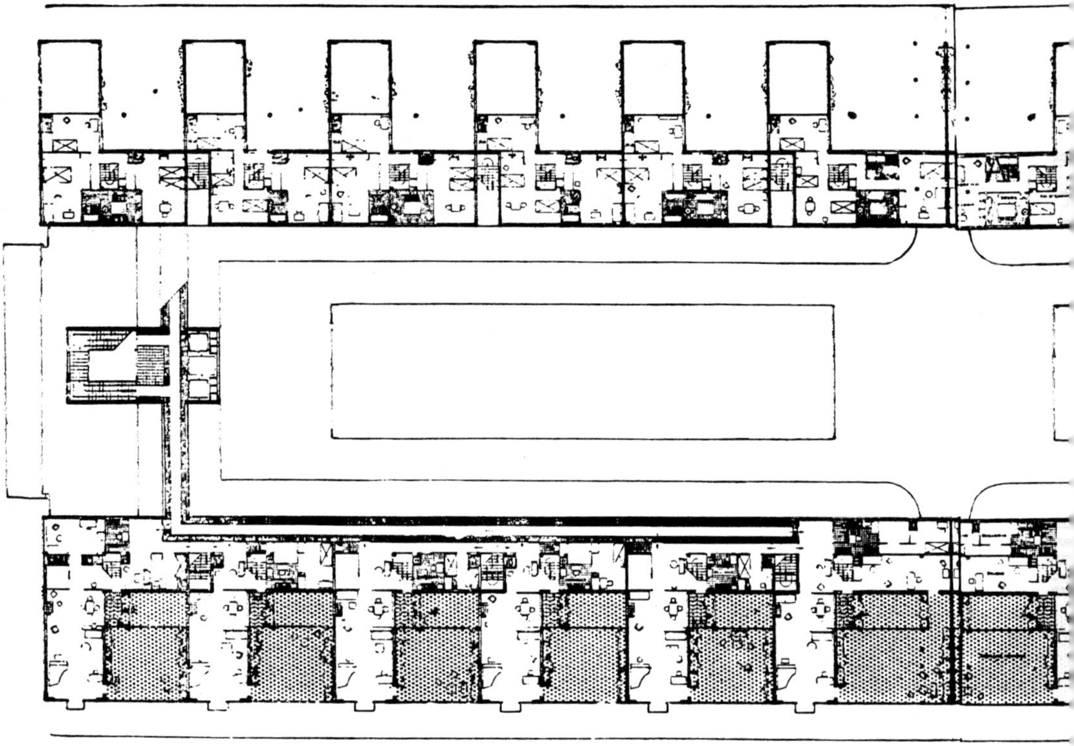

'빌라형 공동주택 Immeuble villas'
저택 120채가 포개져 있다.

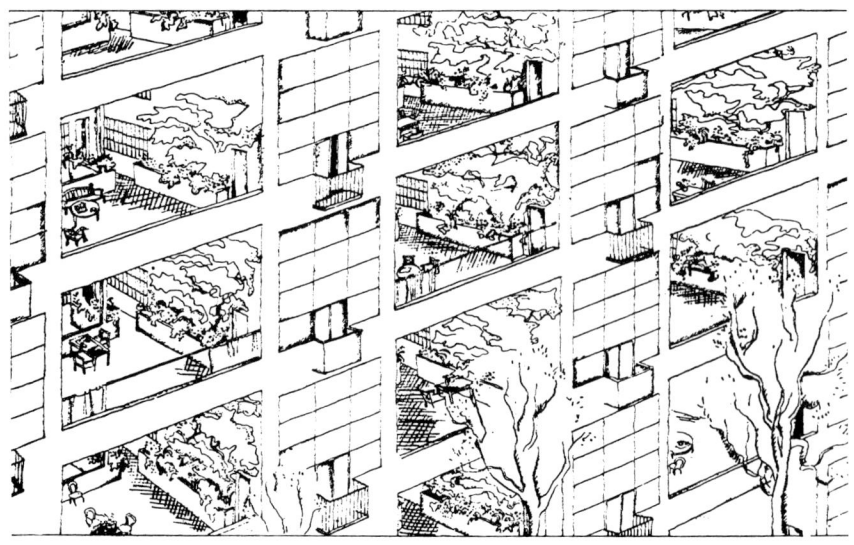

'빌라형 공동주택'의 파사드 일부
각 정원은 이웃과 엄격하게 격리되어 있다.

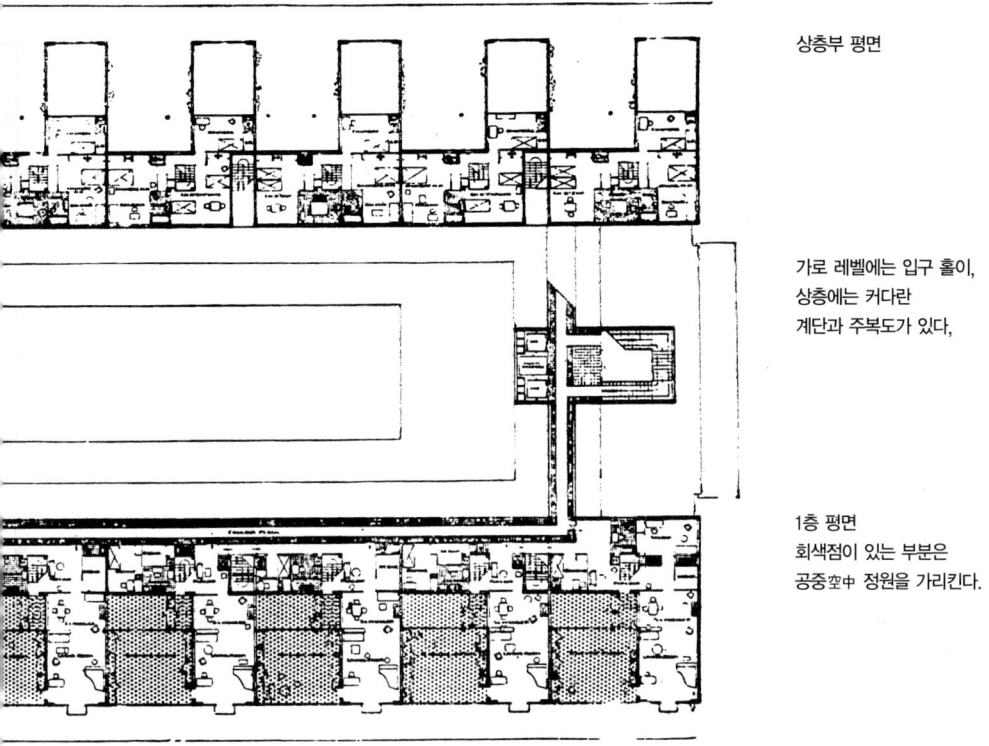

상층부 평면

가로 레벨에는 입구 홀이, 상층에는 커다란 계단과 주복도가 있다.

1층 평면
회색점이 있는 부분은 공중共中 정원을 가리킨다.

르 코르뷔지에, 대형 임대 건물, 1922
다음 그림은 다섯 번 포개어진 100세대 저택 집단의 배치를 보여 주고 있는데, 복층형 저택은 각자의 정원을 소유하고 있다. 호텔 운영 조직과 동일한 조직이 건물에서의 공동 서비스를 관리하면서 (단지 시작일 뿐인 문제점이며 피할 수 없는 사회적 현상인) 하인이 부족한 사태에 해결책을 가져다 준다. 또 주요 업무에 적용된 근대적 전문성은 끊이지 않는 온수, 중앙난방, 냉각 장치, 진공 청소기, 깨끗한 물 등을 건물에 제공함으로써 기계와 조직이 인간의 피로를 대신하게 한다. 하인들은 더 이상 집안일에만 매달리지 않아도 된다.

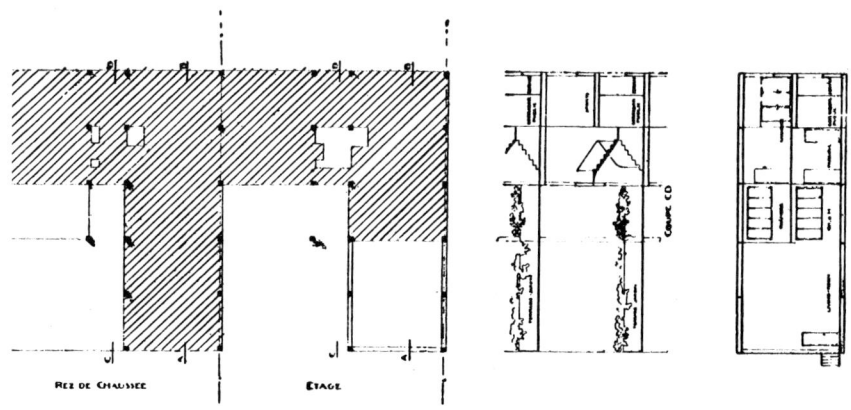

빌라형 공동주택
기둥과 바닥판으로 구성된 대량 생산 건물. 벽은 이중구조다.

'빌라형 공동주택', 공중정원

그들은 여기서 공장에서처럼 하루 8시간 일한다. 이와 같이 민첩한 직원이 밤낮으로 근무하게 된다. 음식 공급은 질과 경제성을 고려하는 특별구매 서비스팀이 담당한다. 드넓은 주방에서 개인에게 또는 공동식당으로 원하는 음식이 공급된다. 각 동마다 체력단련실과 운동실이 있고, 옥상에도 운동을 위한 공공 홀과 300m 길이의 트랙, 거주자들을 위한 오락 홀 등이 있다. 일반적으로 주택의 좁은 입구 로비는 넓은 홀로 바뀌고, 구내 운반인들이 밤낮으로 방문객을 맞고 그들을 엘리베이터로 인도하기 위하여 대기하고 있다.

'빌라형 공동주택' 식당에서 본 내부(오른쪽 창 너머로 공중 정원이 보인다).

'빌라형 공동주택'의 전경(120세대의 빌라)

지하 주차장의 옥상은 지붕이 덮인 넓은 테니스 코트로 활용된다. 이 코트의 사면과 정원의 길을 따라 나무와 꽃이 심어져 있다. 각각의 공중정원에는 꽃과 덩굴식물들로 넘쳐난다. 여기에서 '표준화'가 제자리를 찾았다. 각 동은 합리적이면서도 분별 있는, 어떤 특정한 방향을 강조하지 않으면서도 흡족하고 실용적인 주택-설비로서의 유형을 표현한다. 임대 구매 체계를 통해 바람직하지 못한 과거의 소유 체계는 더 이상 존재하지 않는다.

사람들은 임대료를 지불하지 않는다. 거주자들은 기업의 주식을 배당받는다. 20년에 걸쳐 그 돈을 갚을 수 있으며 그 이자는 매우 싸다.

다른 어떤 사업에서보다도 대량 생산은 저렴함이 미덕인 대규모 임대용 건물 사업에서 절실히 요구된다. 그리고 대량 생산의 정신이 사회적 위기의 시대에 기대하지 않았던 다수의 이익을 가져와 국내 경제에 유익하게 작용한다.

'빌라형 공동주택'의 입구 홀

르 코르뷔지에와 피에르 잔느레, 1925

정원도시의 각 거주자에게 할당된 400㎡ 넓이의 땅을 분석해 보자. 집과 부속건물이 50~100㎡를 차지하고 나머지 300㎡는 잔디, 과일밭과 채소밭, 꽃밭 등에 할애되어 있다. 이것들을 관리하는 데는 비용이 많이 들고 부담스러운 고역이 뒤따른다. 하지만 그 결과는 당근 몇 다발과 배 몇 광주리를 수확하는 것에 불과하다. 놀이 공간은 전혀 없다. 아이들은 물론이고 남성과 여성들은 쉴 수도 없고 운동도 하지 못한다. 운동은 직업적인 운동선수들이나 한가한 사람들이 갈 수 있는 운동장이 아닌 바로 집 앞에서 언제든 할 수 있어야 한다. 더욱 논리적으로 문제점을 제기해 보자. 50㎡의 주택, 50㎡의 놀이정원. 이 정원과 주택은 '벌집 형태'로 무리지어 지면에 붙어 있거나 땅에서 6m 또는 12m 위에 위치한다. 주택 바로 밑에는 각 집마다 축구나 테니스 등을 할 수 있는 150㎡ 넓이의 널따란 놀이 공간이 있다. 주택 전면의 또 다

작은 옥상 정원 한 개

주택 세 채
작은 정원 두 개

주택 두 채
작은 정원 세 개

주택 세 채

'프뤼게 신구역 Nouveaux quartiers Frugès', 보르도 Bordeaux
건설중인 첫번째 건물

른 150㎡에서는 생산성이 높은, 산업화되고 집약적인 형태의 재배가 이루어진다(배수로를 통한 관개, 농민에 의한 경작, 비료와 흙, 생산품 운반을 위한 소형 트럭 등). 농부 한 명이 집단 농업의 감독자이자 경영자 역할을 한다. 헛간에 수확물을 저장한다. 농업 노동력이 농촌을 떠나고 있다. 여기서는 3교대로 8시간씩 일꾼이 농부가 되어 자신이 소비하는 식량의 상당 부분을 생산하게 된다. 건축? 도시계획? 각 부분과 전체의 관계에서 그것의 기능들을 논리적으로 연구한다면, 만족스러운 결과를 가져올 해법을 얻게 될 것이다.

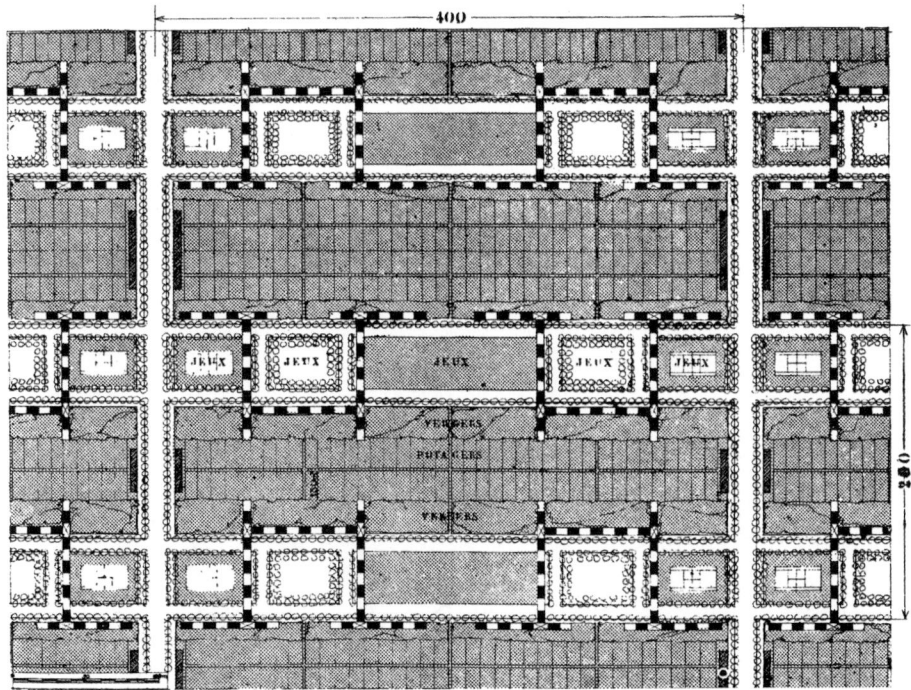

'벌집 원리'로 구성된 정원도시를 위한 단지 계획

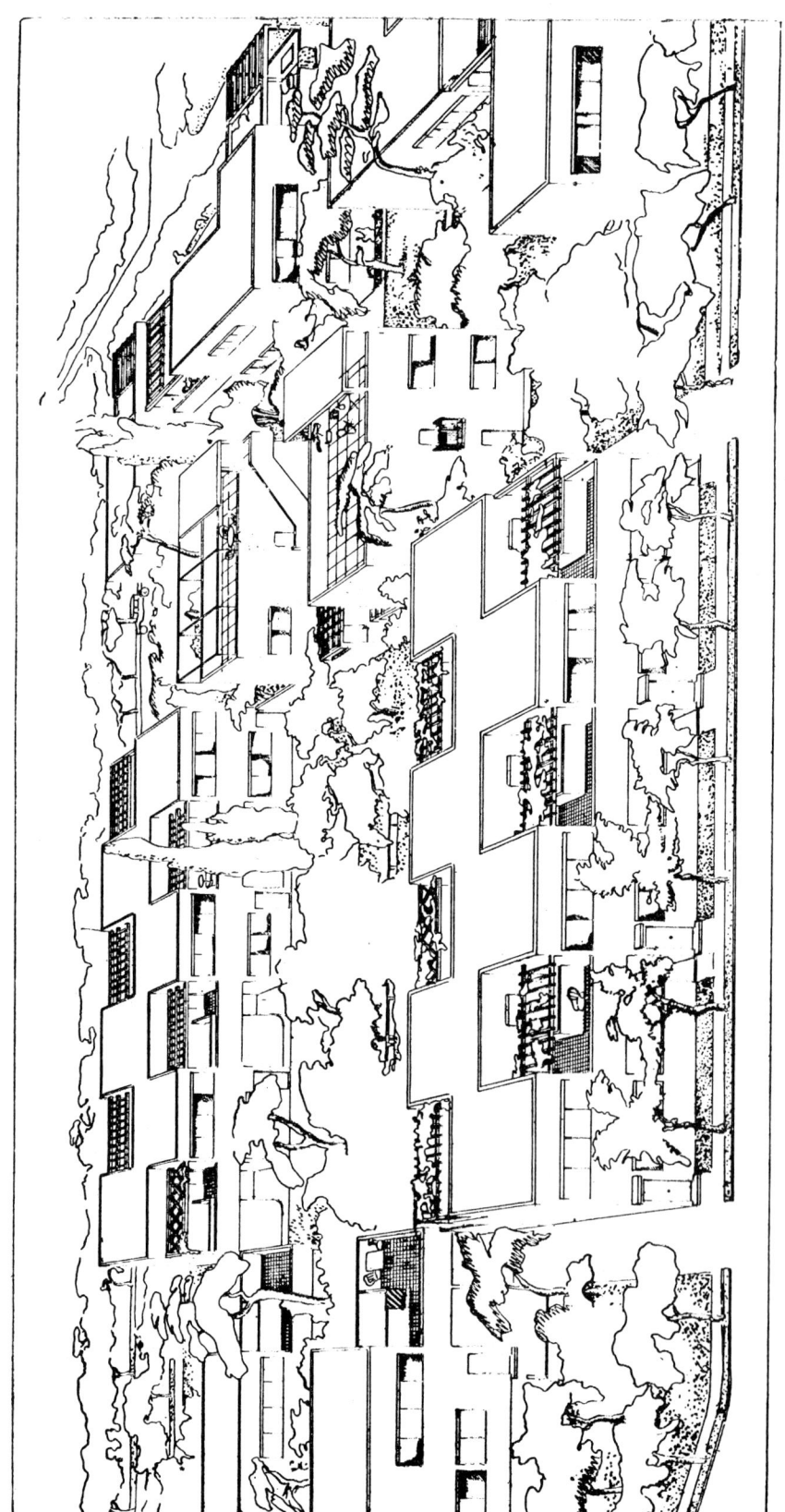

보르도-페삭Bordeaux-Pessac, '모던 현대 주거', 1924
커다란 단지 계획의 일부. 기본 요소들이 엄격하게 꼼꼼하게 정비됐으며, 무한한 조합들 통해 증가한다. 이것은 공사 현장이 진정한 산업화다.

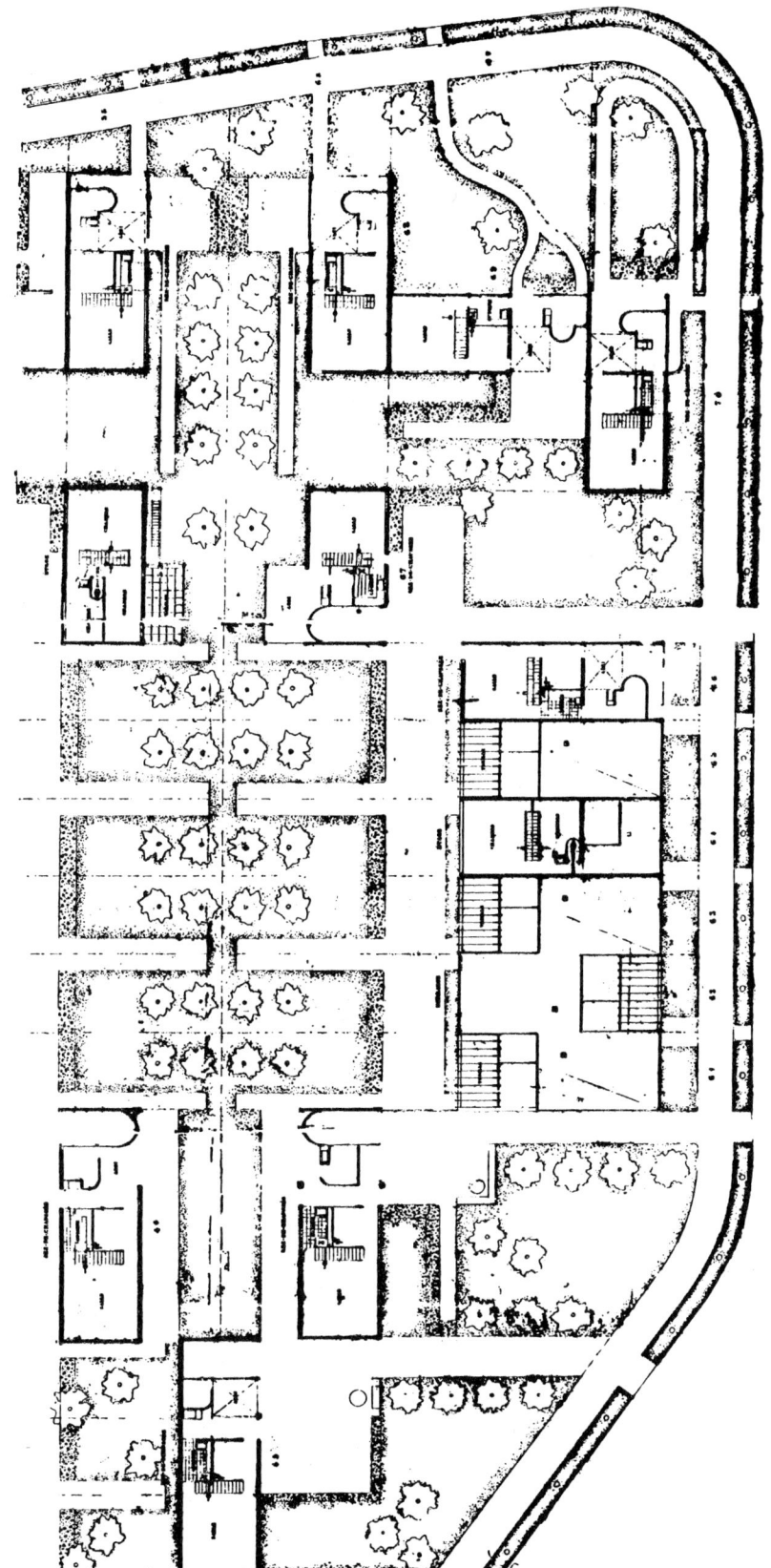

보르도-페사

이 책의 초판은 보르도의 한 대기업가를 크게 감동시켰다. 관례와 습관을 없애기로 결정한 그였다. 산업과 건축의 목적에 대한 고결한 인식이 이 기업가로 하여금 가장 대담한 솔선수범을 행하도록 지금 하였다. 그 덕분에 아마도 프랑스에서는 처음으로 오늘날 건축이 직면한 문제를 시대에 적합한 정신으로 해결하게 되었다. 경제성, 사회학, 미학, 그리고 새로운 방법을 사용하는 새로운 해법은 해결책이다.

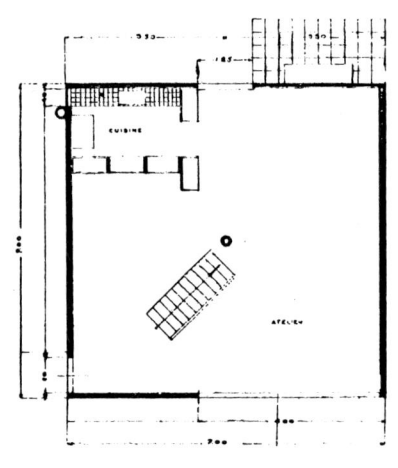
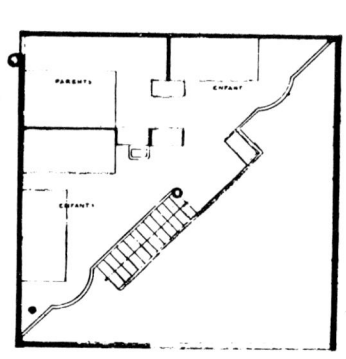

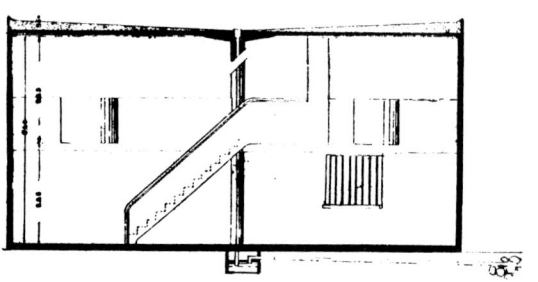

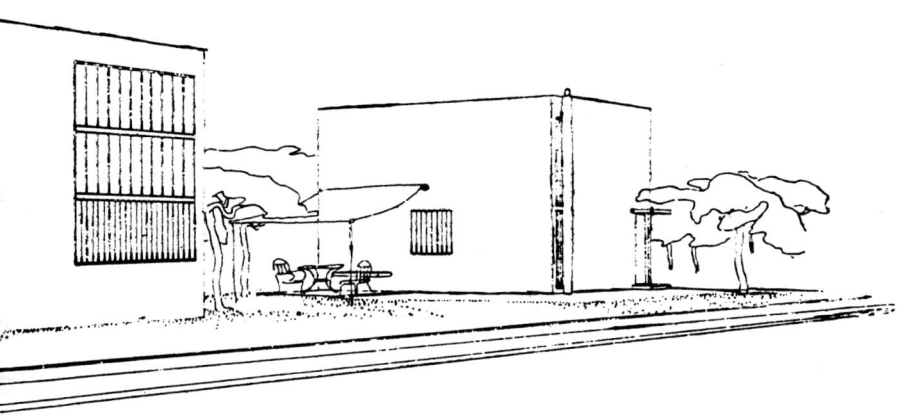

르 코르뷔지에와 피에르 잔느레, 노동자를 위한 대량 생산 주택, 1924
과제는 넓고 빛이 잘 드는 작업장(7m×4.5m의 자유로운 벽)에 노동자들을 묶게 하는 것이다. 칸막이와 문을 없애고 건축 유희를 통해 방을 구획하는 습관적인 벽의 면적과 높이를 줄여 비용을 절감해야 했다. 이 주택은 속이 빈 철근 콘크리트 원기둥 단 하나에 의해 지지된다. 벽에 설치된 단열성이 우수한 압축 단열판의 외부는 5cm 두께의 콘크리트로, 내부는 회반죽으로 덮여 있다. 집 전체에서 문은 두 개뿐이다. 대각선의 고미다락은 천장이 전체로 퍼질 수 있도록 해준다(7m×7m). 벽 또한 전체 면적을 드러내고 있다. 고미다락의 대각선으로 인하여 기대하지 않았던 치수를 얻게 되었다. 각 변이 7m에 불과한 이 작은 집에 길이 10m의 대각선적 주요 요소를 부여한 것이다.

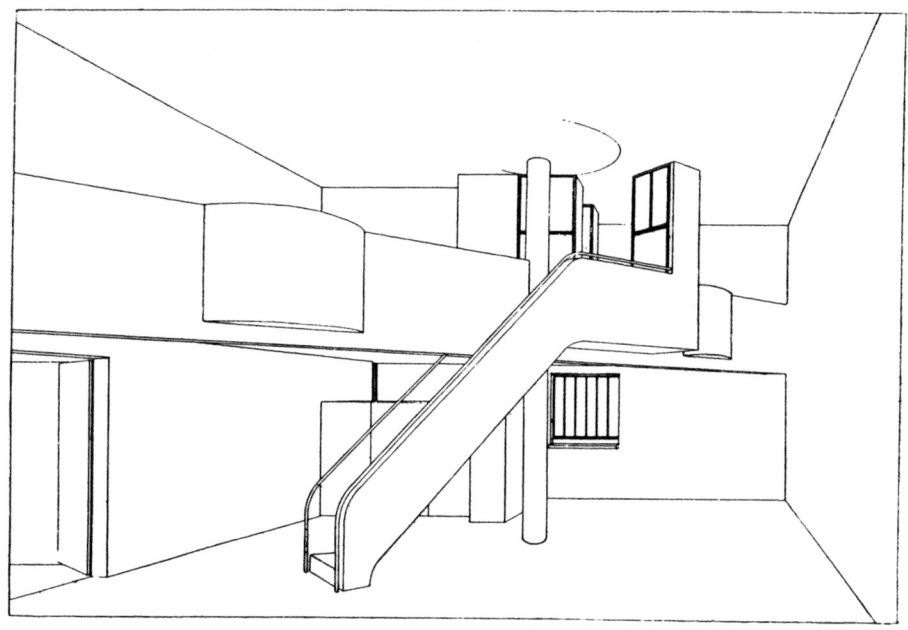

노동자 주택 내부
부엌과 고미다락 일부분의 벽은 U.P.사에서 대량 생산한 요소들로 구성되어 있다.

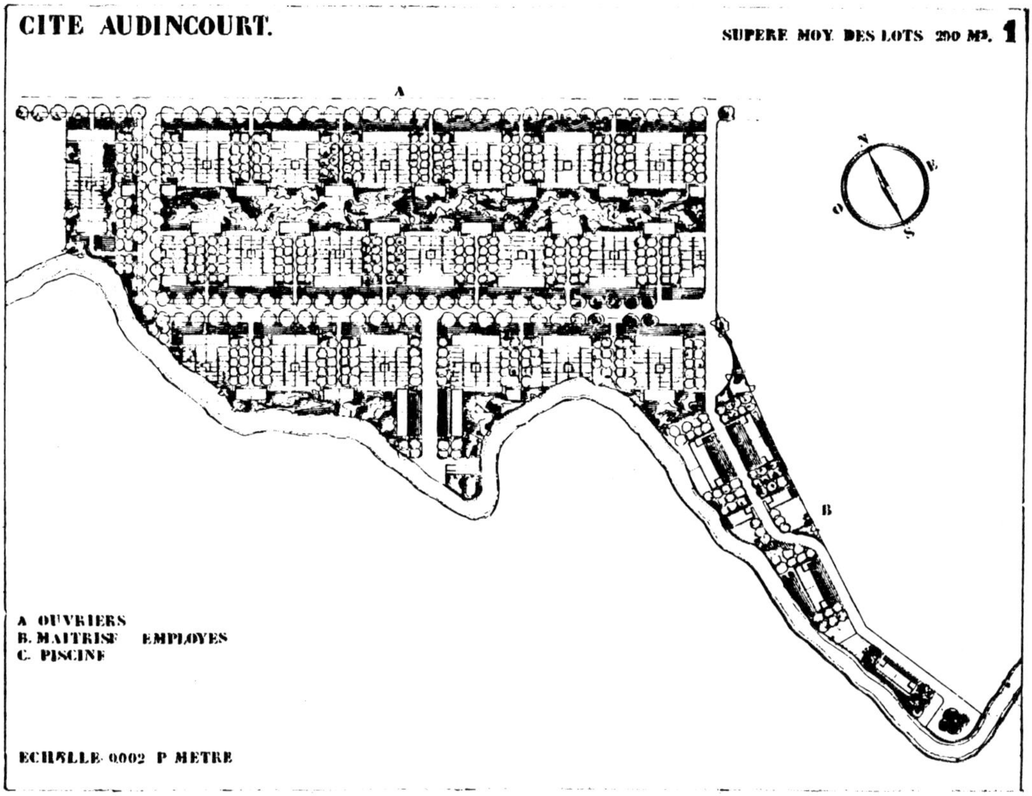

르 코르뷔지에와 피에르 잔느레, 직교 체계의 단지 계획, 1924
모든 주택은 세포 형태를 이루면서 표준화된 요소들을 사용하여 건설되었다. 모든 계획은 동일하며, 배치는 규칙적이다.
건축은 아주 쉽고 자유롭게 스스로를 정확하게 표현할 수 있다.

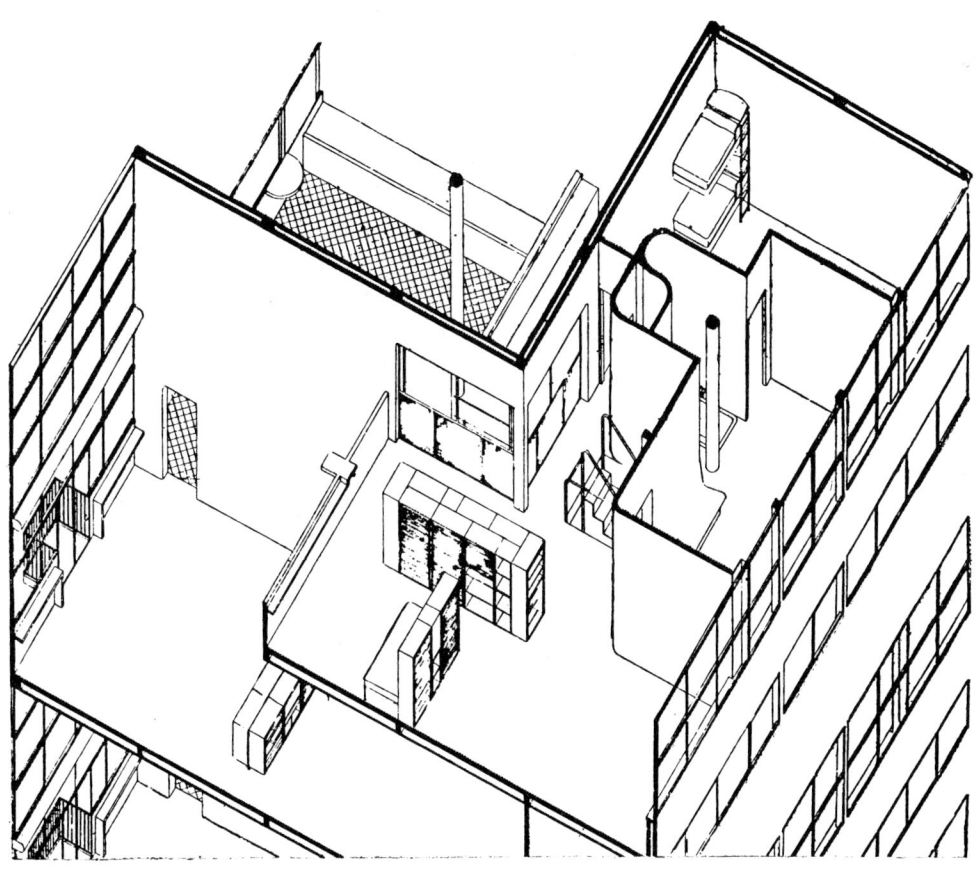

르 코르뷔지에와 피에르 잔느레, '빌라형 공동주택'의 한 단위, 1924
이것은 1925년에 개최되었던 파리 국제장식예술박람회l'Exposition Internationale des Arts Décoratifs de Paris에서 전시된 에 **스프리 누보관** Pavillon de l'Esprit Nouveau의 일부다. 현대인을 위한 대량 생산 주택으로, 건축적 표준을 사용하여 완전히 산업화된 시공법으로 건설되었다. 조적공사는 압축된 밀짚판 위에 앵제솔랑 Ingersoll-Rand의 '시멘트총'을 사용하여 조적 공사 청부업자인 쉼머 G. Summer가 맡았다. 바닥과 테라스도 마찬가지다. 바닥과 창문의 뼈대는 엔지니어이자 건설업자인 라울 드쿠르 Raoul Decourt가 대량 생산한 것이다. 목공사는 완전히 제거되었다. 목수는 더 이상 이 건물에 올 필요가 없 다. 체코슬로바키아의 합동회사인 U.P.사는 각 방에 적합한 유형화된 설비를 설치했는데 이는 마치 사무실의 서류함처럼 보인다. 유리 공사와 페인트 공사는 륄망 Ruhlman과 로랑 Laurent이 맡았다.

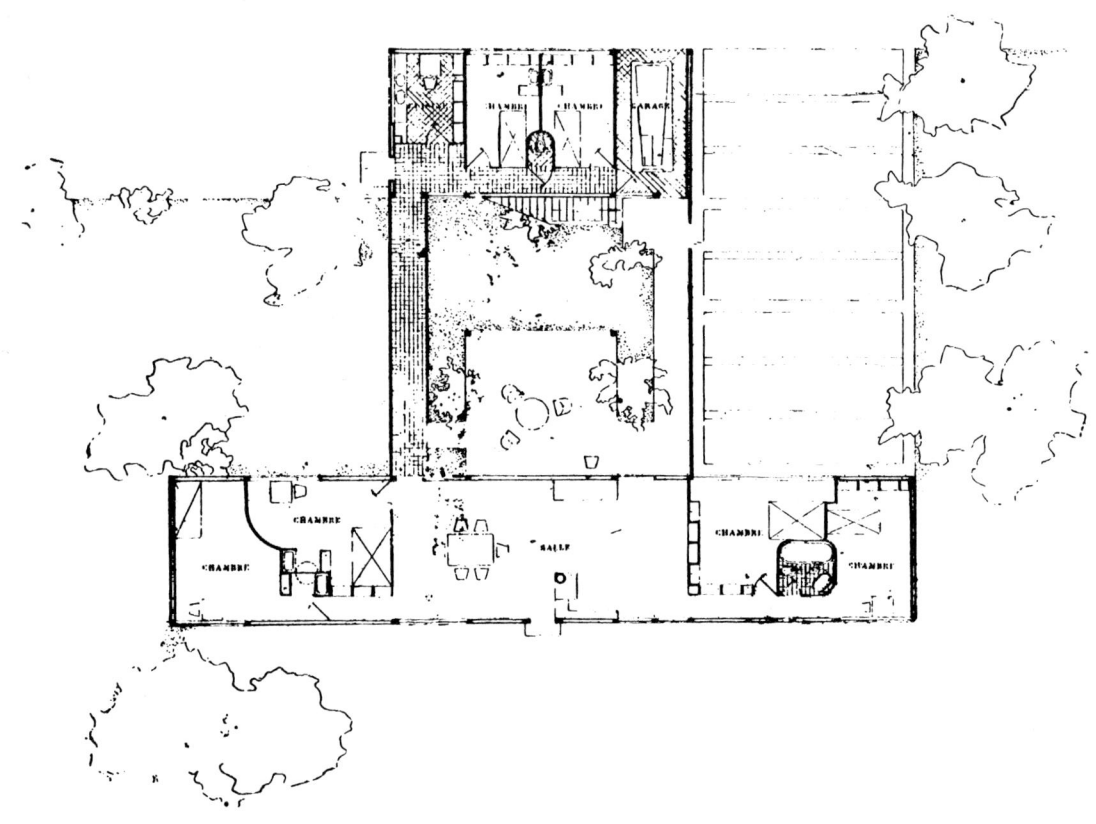

르 코르뷔지에와 피에르 잔느레, 보르도의 저택, 1925
페삭의 정원도시 주택에 사용한 것과 동일한 기계로 대량 생산된 요소들을 사용하여 건설되었다.
대량 생산은 건축에서 장애물이 아니라 통일성과 디테일의 완벽성을 가져다주고, 전체적으로는 다양성을 제공한다.

저택의 부등각 투영도

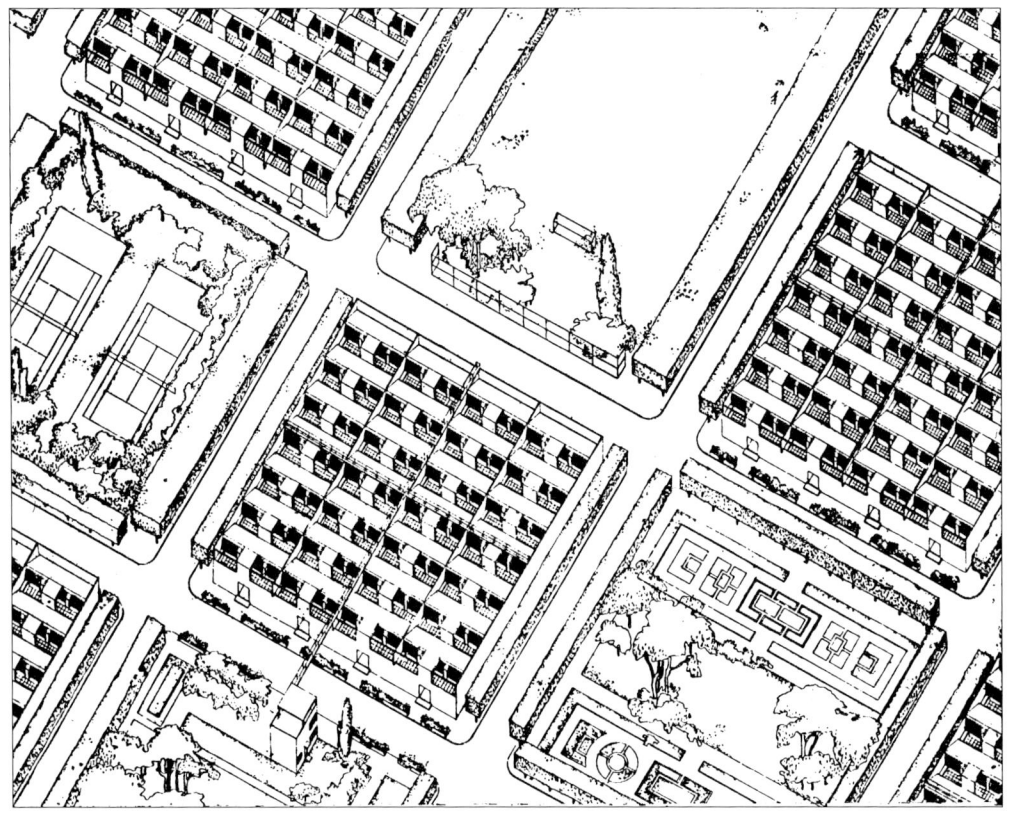

르 코르뷔지에와 피에르 잔느레, 대학 기숙사촌의 전체 전경, 1925
사람들은 옥스퍼드의 고풍스런 건물들이 풍기는 시정詩情을 되살리는 데 집착하면서 막대한 비용을 들여 대학생들을 위한 기숙사를 짓는다. 처참하리만큼 값비싼 시정이다. 어쨌든 현대의 학생들은 구시대의 옥스퍼드에 반항하는 성향을 가지고 있다. 구시대의 옥스퍼드는 이러한 대학 기숙사를 위해 기증하는 기업 후원자들의 꿈이다. 학생들이 원하는 것은 볕이 잘 들고 따뜻하며 별을 바라볼 수 있는 자리가 있는 수도사의 방이다. 그는 가까이 사는 친구들과 게임을 할 수 있는 기회를 얻기 원한다. 그의 방은 가능한 한 자기 충족적이어야 한다.

단면과 평면
모든 학생은 정확히 동일한 유형의 방을 가질 권리가 있다. 가난한 학생이 부유한 학생과 다른 방을 가져야 한다면 불쾌할 것이다. 해결해야 할 문제점이 있다. 세계 각국의 사람들이 몰려오는 대학 기숙사촌의 문제가 그것이다. 모든 '세포'는 자체적으로 대기실과 부엌, 화장실, 거실, 취침을 위한 고미다락, 옥상정원을 가지고 있다. 모든 학생은 벽에 의해 이웃들과 격리되었다. 그들은 운동장이나 공동서비스에 할애된 큰 건물의 공공 홀에서 만날 수 있다. 우리는 유형을 분류하고 만들어 내야 하며 세포의 형태와 그것의 요소들을 결정해야 한다. 경제성과 효율성을 따져야 한다. 그리고 건축은? 문제가 완전히 해결되었을 때 우리는 언제나 그것을 성취할 수 있다.
여기에서 대학 기숙사촌은 '창고' 형태로 고안되었다. 구조 방식은 이상적인 조명 여건을 보장하고 값비싼 내력벽을 제거하면서 끝없는 확장이 가능하다. 벽은 단지 가벼운 단열재로 채워진 것에 불과하다.

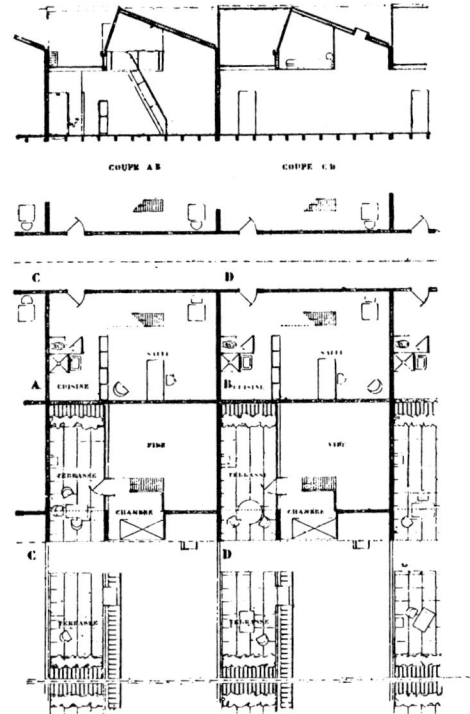

단면과 평면

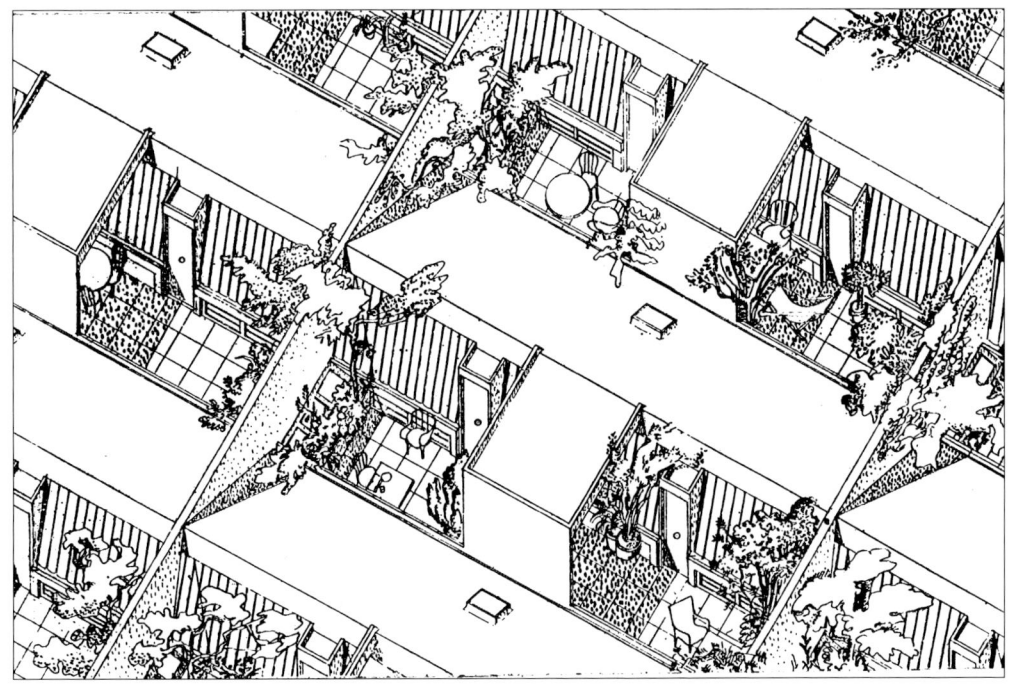

테라스 정원의 디테일

르 코르뷔지에와 피에르 잔느레 화가의 아틀리에(96쪽 참조)

새로운 정신이 던지는 질문 : 40세인 나는 왜 집을 구입하지 않는 것일까? 왜냐하면 나는 이 도구가 필요하기 때문이다. 포드 자동차와 같은(또는 나의 시트로엥 자동차와 같은, 왜냐하면 나는 멋쟁이니까) 원리로 만들어진 집이었다면 나는 구입했을 것이다.

헌신적인 협력자들 : 대규모 산업, 전문화된 공장들.

선동해야 할 협력자들 : 교외 철도, 재정 조직, 변화된 에콜 데 보자르.

목적 : 대량 생산 주택.

제휴 : 건축가들과 탐미주의자들, 집에 대한 영원한 숭배.

실행자 : 기업들과 진짜 건축가들.

반박할 수 없는 증거 :

1. 비행기 객실
2. 유명한 예술 도시들(베니스의 행정장관 저택, 파리의 리볼리 가街, 보주 광장, 경마장, 베르사이유 등 : **대량 생산**). 왜냐하면 대량 생산 주택에는 넉넉하고 큼직한 선이 함축되어 있기 때문이다. 또 주택과 관련한 모든 디테일을 면밀히 연구하고 표준과 유형에 대한 용의주도한 탐색을 필요로 하기 때문이다. 이 유형이 창조되었을 때 우리는 이미 아름다움의 문턱에 있게 된다(자동차, 대양 횡단선, 기차, 비행기). 왜냐하면 대량 생산 주택은 창, 문, 건설 방법, 재료 등의 요소에 통일성을 부여하기 때문이다. **디테일과 커다란 총체적 선들에서의 통일성**은 혼잡하고 뒤얽혀져 사람이 살기 어려웠던 루이 14세 때 파리에서 도시계획으로 바빴던 매우 지적인 로지에Laugier 신부가 요구했던 것이다. **디테일의 균일성과 전반적 결과의 다양성**(오늘날 우리가 하는 행위와 전혀 반대되는 것이다. 디테일에서의 미치광이 같은 다양성, 우리의 가로와 도시를 설정하는 데 있어서의 죽음과 같은 균일성)을 모색한 것이다.

결론 : 우리는 우리 시대의 긴급한 문제를 다루고 있다. 사회의 균형은 건물의 문제로 귀착된다. 우리는 이러한 정당한 양자택일로 결론을 맺는다. **건축이냐 또는 혁명이냐.**

저압 환기 장치 라토Rateau사의 대량 생산 제품

ARCHITE
OU
RÉVOLU

건축이냐 혁명이냐

CTURE

TION

장느비에Gennevilliers 발전소 4만 kw 터빈

산업의 모든 분야에서 새로운 문제들이 제기되었고, 이를 해결할 수 있는 도구가 창안되었다. 이러한 사실을 과거에 비춰 볼 때, 혁명이 일어난 것이다.

건설업에서는 대량 생산을 위한 조립품들을 공장 생산하기 시작했다. 새로운 경제적 요구에 부응해 부분적인 요소들과 일단의 세트 요소들이 창조되었다. 그 결과 디테일과 양률 모두에서 성과를 이루었다. 이러한 사실을 과거에 비춰 보면, 이는 기획의 방법과 규모에서 혁명이 일어난 것이다.

건축의 역사는 구조와 장식을 구사하는 방식에서 수세기를 거쳐 서서히 발전해 왔다. 그러나 지난 50년간 철과 시멘트는 대규모 건설능력 지표와 새로워진 법규를 따른 건축의 지표라는 새로운 획득물을 가져다주었다. 과거와 비교해 보면, 우리를 위한 '양식'은 더 이상 존재하지 않으며, 우리 자신의 시대에 속한 양식이 생겨났음을 알 수 있다. 혁명이 일어난 것이다.

사람들은 의식적으로든 무의식적으로든 이러한 사건들을 감지해 왔고 새로운 요구를 제기해 왔다.

심각하게 교란된 사회의 톱니바퀴가 역사적으로 중대한 진보와 재난 사이에서 요동치고 있다.

모든 사람은 원초적 본능으로 자신의 안식처를 확보하고자 한다. 노동자나 지식인을 포함한 사회의 여러 계급 누구도 더 이상 적절한 안식처를 갖고 있지 못하다.

오늘날 깨어져 버린 사회적 안정을 해결할 열쇠는 건물의 문제에 있다. 건축이냐 혁명이냐.

산업의 모든 분야에서 새로운 문제들이 제기되었고, 이를 해결할 수 있는 도구가 창안되었다. 우리는 우리 자신의 시대와 이전 시기들 사이에 놓인 심연을 충분히 인식하지 못하고 있다. 이 시대가 커다란 변화를 겪고 있다는 사실은 인정하지만, 진정 필요한 것은 이 시대의 지적·사회적·경제적·산업적 활동을 지난 19세기 초의 시기와 관련해서뿐만 아니라 전반적인 문명사와 관련하여 비교 검토해 보는 것이다. 사회적 필요에 대처하며 굼뜬 발전 속에서 지금까지 미약한 변화만을 겪어 왔던 인간의 도구가 갑자기 놀랄 만큼 빠른 속도로 변화되기 시작했다는 사실을 금방 인지할 수 있을 것이다. 과거에는 이 도구들이 항상 **인간의 수중**에 있었다. 그러나 오늘날 그것들은 완전히, 무서우리만큼 개조되어 얼마간 우리의 손아귀에서 벗어나 있다. 인간이라는 동물은 숨을 멈추고 서서 자신이 제어할 수 없는 도구 앞에서 헐떡인다. 그에게 진보란 훌륭한 만큼 가증스러운 것으로 다가온다. 그의 마음 속은 온통 혼돈으로 뒤얽혀 있다. 그는 자신이 광란에 빠진 어떤 것의 노예가 된 듯하며, 해방감이나 안락함 또는 개선의 느낌을 경험하지 못한다. 위대하나 위기, 무엇보다도 도덕적 위기를 맞은 것이다. 이 위기를 넘기려면 우리는 무슨 일이 진행되고 있는지 파악해야 한다. 인간이라는 동물은 자신의 도구를 사용하는 법을 배워야 한다. 이 인간이라는 동물이 자신의 새로운 마구馬具를 갖추고 자신에게 필요한 노력이 무엇인가를 깨달을 때, 그는 상황이 바뀌었음을 알게 될 것이다. **호전된** 것이다.

과거에 대해 한 마디만 더 하자. 우리의 시대, 즉 최근 50년은 앞서 지나가 버린 열 세대와 맞먹는다. 그보다 이전 시대에 인간은 이른바 '자연적' 체계에 따라 삶을 영위하였다. 그는 주어진 과업들에 책임을 졌으며, 자신의 업무에 대한 모든 결과의 책임을 걸머지고 그 일들을 만족스러운 결론으로 이끌었다. 또 해가 뜨면 일어나고 밤이 되면 잠자리에 들었다. 진행중인 일과 다음날 해야 할 일을 생각하면서 손에서 연장을 놓았다. 그리고 조그만 오두막에서 가족들에게 둘러싸여 일했다. 정확히 자신의 척도에 맞추어 지은 숙소에서 껍질 속의 달팽이처럼 살았다. 충분히 조화로운 그 상황을 수정하도록 유도하는 것은 아무것도 없었다. 가정 생활은 정상적인 방법으로 전개되었다. 아버지는 요람에 누워 있는 자신의 아기를, 후에는 작업장 안에 있는 아이를 지켜보며 일했다. 노력과 소득이 가족의 질서 속에서 평화롭게 이어졌다. 그리고 거기서 가족은 수익을 얻었다. 이같이 가족이 벌이를 했을 때에는 사회가 안정되었으며, 그러한 생활 방식이 언제까지나 지속될

형평衡平의 건물, 뉴욕

것 같았다. 이것은 가족 단위로 조직된 작업이 행해지던 지난 열 세대 동안의 이야기다. 19세기 중반까지의 모든 지난 세대의 이야기이기도 하다.

    그러나 오늘날의 가족 메커니즘을 보자. 산업은 우리에게 대량 생산된 물품들을 가져다주었다. 기계는 인간과 밀접하게 협력하면서 일한다. 적절한 일에 적합한 인간만이 냉혹하게 선택된다. 노동자, 장인, 직공장, 엔지니어, 관리자, 경영인 등이 각자 알맞은 위치를 찾게 되는 것이다. 관리자의 자질을 지닌 사람은 장인의 위치에 오래 머물러 있지 않을 것이다. 더 높은 자리는 누구에게나 개방되어 있다. 전문화가 인간을 기계에 얽매어 놓는다. 다음 사람에게로 넘어간 품목은 수정되거나 재조립되기 위해 되돌아올 수 없으므로, 모든 작업자에게는 완전무결한 정확성이 요구된다. 때문에 전체의 조립에 자동적으로 들어맞기를 요구받는 상세

철골 회사에서 건조한 **철** 구조물

한 유니트로 기능하려면 그 품목은 정확해야 하는 것이다. 아버지는 더 이상 자식에게 자신의 조그마한 사업에 관한 비밀들을 가르쳐 주지 않는다. 대신 낯선 직공장이 절도 있고 제한된 과업을 엄격하고 철저하게 감독한다. 작업자는 몇 달 또는 몇 년 동안, 어쩌면 남은 생애 동안 항상 똑같은 것, 하나의 작은 부품만을 만들게 될 것이다. 그는 밝고 빛나는 순수성을 간직한 최종 제작품이 수송차로 배달되기 위하여 공장 야적장에 보내지는 순간에야 비로소 자신이 한 일이 마무리된 결과를 보게 된다. 작업자의 오두막에 있었던 정신은 더 이상 존재하지 않는다. 대신 좀더 집단적인 정신이 분명히 존재한다. 만약 총명한 작업자라면 자신의 노동이 가져올 결과를 짐작할 수 있을 것이다. 그리고 이것은 그를 정당한 자긍심으로 채워 줄 것이다. 『오토Auto』에 어떤 차가 시속 260km로 달렸다는 소식이 실리면 작

'아메리카', 250마력의 경주용차, 최고 시속 263km

업자들은 이렇게 말할 것이다. "우리 차가 그것을 해냈어!" 우리는 여기에서 중요한 심리적 원동력을 얻게 된다.

하루에 8시간! 공장에서 '8'시간씩 세 차례! 작업은 교대로 계속된다. 어떤 사람은 오후 10시에 일을 시작해 오전 6시에 마친다. 다른 어떤 사람은 오후 2시에 일을 마친다. 우리의 입법자들은 하루 8시간의 작업시간을 비준했을 때 이 같은 순환 업무를 생각이나 했을까? 인간은 오전 6시부터 저녁 10시까지의 자유시간 동안 무엇을 하며 지낼까? 오후 2시부터 밤까지는? 이러한 조건하에서 가족은 어떻게 될까? 당신은 인간이라는 동물을 받아들이고 환영할 숙소가 저기 있으며, 작업자는 그 많은 자유시간을 잘 활용할 만큼 교양이 있다고 말할지도 모른다. 그러나 그렇지 않다. 숙소는 청결하지 못하고, 그는 자유시간을 잘 활용할 수 있을 만큼 충분히 교육받지 못했다. 그러므로 건축이냐 또는 혼란이냐, 혼란이냐 또는 혁명이냐고 말할 수 있다.

다른 면을 살펴보자.

필연적으로, 또 끊임없이 우리의 정신 배후에 현재 진행중인 굉장한 산업 활동이 있다. 우리는 매순간 직접적으로, 또는 신문이나 잡지 같은 매체를 통해 신상품과 만난다. 그것은 우리를 사로잡거나 설렘과 두려움으로 가득차게 하는 매력

격납고 앞에 있는 부아쟁Voisin 비행기

이 있다. 이러한 근대적 생활을 위한 물품들은 확실한 근대적 정신 상태를 창조한다. 만약 우리 눈을 우리의 달팽이집, 일상 생활에서 우리를 짓누르는 우리의 주거―악취가 나고 쓸모 없으며 비생산적인―를 이루고 있는 낡고 썩은 건물들에 돌려 보면 당황하게 될 것이다. 명료한 방법으로 경이롭게 무엇인가를 생산해 내는 기계를 곳곳에서 볼 수 있다. 우리가 들어가 살고 있는 기계는 결핵균이 가득한 낡은 마차다. 건강하고 편리하며 생산적인 공장과 사무실 또는 은행에서의 우리의 일상 활동과 모든 면에서 결함이 있는 가정 활동 사이에는 진정한 연계성이 결여되었다. 가족은 도처에서 살해되고 있으며, 정신은 마치 노예처럼 시대착오적인 고역에 빠져 절망하고 있다.

근대적 사건에 일상적으로 참여함으로써 형성되는 각 사람의 정신은 의식적으로든 무의식적으로든 어떤 욕구를 갈망해 왔다. 그것은 필연적으로 사회의 근본이 되는 본능인 가족과 연관되어 있다. 오늘날 모든 사람은 태양과 온기, 순수한 공기와 깨끗한 바닥을 필요로 한다. 그는 빛나는 흰 칼라가 달린 옷을 입도록 교육받아 왔으며, 여성들은 하얀 고급셔츠 입기를 좋아한다. 오늘날의 인간은 '힘든 노동'으로 인한 육체적·정신적 긴장을 풀기 위해 기분 전환과 휴식 그리고 신체 단련의 필요성을 느낀다. 이러한 욕구 덩어리는 **요구 전서**全書의 구성

철교

요소가 된다.

 지금 우리의 사회 조직은 이러한 필요에 대응할 수 있는 준비가 전혀 되어 있지 않다.

또 다른 측면을 보자. 현대 생활의 실상에 직면하여 **지식인**들이 내린 결론은 무엇인가?

 우리 시대의 놀라운 산업 부흥은 사회의 진정한 활동층인 다수의 특별한 지식인 계급의 형성을 가져왔다.

 작업장에서, 기술 부서에서, 학계에서, 은행과 백화점에서, 신문지상과 잡지에서 자신에게 주어진 임무를 열심히 수행하여 우리의 주목을 끄는 엔지니어들과 부서장들, 법률 대리인과 비서들, 편집인들과 회계사들이 있다. 교량과 선박, 비행기를 디자인하는 사람들이, 자동차와 터빈 엔진을 창안해 내는 사람들이, 작업

라인 강의 석탄 수송선

장과 야적장을 관리하는 사람들이, 자본을 분배하고 회계하는 사람들이, 식민지나 공장에서 상품을 구입하는 사람들이, 고상하거나 끔찍한 현대 생산품들에 대한 수많은 기사들을 언론에 게재하는 사람들이, 일하고 있거나 분만중이거나 위험한 고비에 있거나 때로는 매우 흥분 상태인 사람의 체온 곡선을 차트에 기록하는 사람들이 있다. 모든 인간사는 그들의 손을 거친다. **결국 그들의 관찰은 그들을 모종의 결론으로 이끈다. 이러한 사람들의 눈은 인간성 백화점의 진열대에 고정되어 있다.** 빛나고 찬란한 현대 시대가 그들 앞, 장벽 저편에 있다! 그들이 받는 급료가 업무의 질과 실제적으로 관계가 없기 때문에 일시적인 안락 속에서 살고 있는 집에 돌아가서, 그들은 지저분하고 낡은 달팽이집을 발견하고 그곳에서 가정을 이룬다는 것은 생각조차 못한다. 만일 가정을 이루게 된다면 우리가 알고 있는 수난이 서서히 시작될 것이다. 이들 역시 단지 인간적인, 살기 위한 기계에 대한 권리를 주장할 것이다.

 노동자뿐만 아니라 지식인도 마음 속 깊이 자리잡은 가정에 대한 자신들의 본능을 좇는 것을 방해받고 있다. 그들은 날마다 이 시대가 제공한 빛나고 효율적인 도구를 사용하면서도 정작 그들 자신을 위해서는 그것들을 활용하지 못하고 있다. 그 무엇도 이보다 더 실망스럽고 더 화나게 하는 일은 없을 것이다. 아무것도 준비되어 있지 않은 것이다. 우리는 건축이냐, 혁명이냐고 자문하기에 이르렀다.

4만 kw 발전 용량의 터빈 디스크, 크루소Creusot 공장

현대 사회의 지식인들은 사리분별에 맞게 후하게 대우받지는 못하면서 도시와 주택을 개혁하는 데 반대하는 낡은 소유 방식은 여전히 용인되고 있다. 오랜 소유권은 상속에 따른 것이며, 그것의 가장 큰 목적은 아무런 변화 없이 현상 유지를 하는 것이다. 이밖의 다양한 인간 활동이 경쟁이라는 거친 투쟁에 종속되어 있지만,

라토 환기 장치, 시간당 유량 5만 9000m³

자신의 소유지에 앉아 있는 지주만은 이러한 일반 법칙에서 제외된다. 그는 단지 지배만 하면 되는 것이다. 현재의 소유 구조로는 필요한 건설 재원을 마련할 수 없으므로 건물을 짓지 않는다. 실제로 조금씩 바뀌고 있기는 하지만, 만일 소유 방식이 확 바뀐다면 건물을 지을 수 있을 것이다. 사람들은 건설에 열광할 것이고, 따라서 혁명을 피할 수 있을 것이다.

새 시대는 오랜 기간 조용한 준비 작업이 이루어진 후에야 도래한다.

산업은 그 도구를 창조했다.

사업은 그 관례를 바꾸었다.

건설은 새로운 방법을 발견했다.

건축은 수정된 법규에 직면해 있다.

산업은 새로운 도구를 창조했다. 이 책에 실린 삽화들이 뚜렷한 그 증거다. 이 도구들은 인간의 행복을 더해줄 수 있는 반면에 인간의 노고는 경감시킬 수 있다.

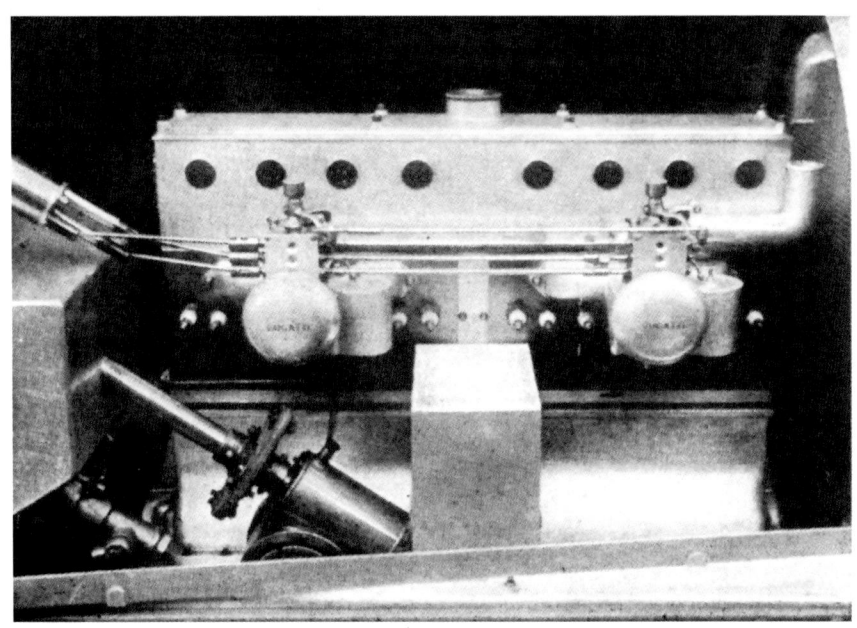

뷔가티|Bugatti 엔진

만약 이러한 개혁들을 과거로 되돌린다면, 혁명이 일어날 것이다.

    사업은 그 관례를 바꾸었다. 그것은 비용, 시간, 일의 확실성이라는 측면에서 오늘날 막중한 책임을 지고 있다. 수많은 엔지니어들은 사무실을 차지하고 앉아 계산을 하고 철저한 단계까지 경제 법칙을 실행하며, 저렴하지만 좋은 제품이라는 상반된 두 가지 요인을 조화시킬 방안을 모색한다. 모든 독창력의 배후에는

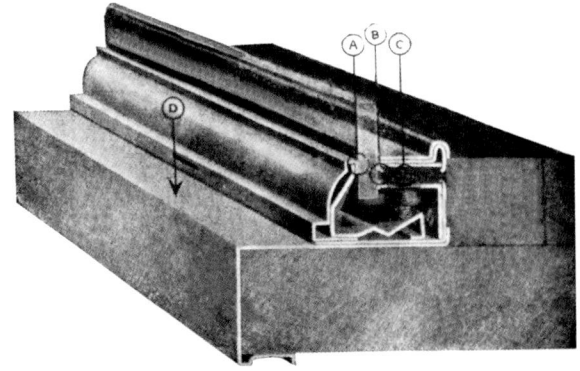

산업화에 의한 창틀 제조, 시카고

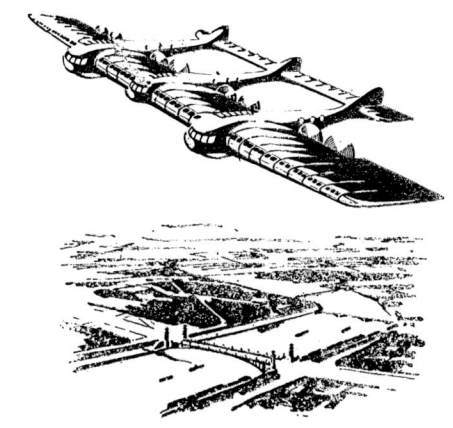

미래의 비행기 브레게Bréguet

정보가 있으며, 과감한 쇄신이 요구된다. 산업에서의 도덕성도 바뀌었다. 오늘날 대기업은 건강하고 도덕적인 유기적 조직체라는 것이다. 만일 우리가 이러한 새로운 사실을 과거와 맞서게 한다면, 기업의 체계와 규모에서 혁명을 맞게 될 것이다.

    건설은 새로운 방법을 발견했다. 여기서 방법이란 이전 시대가 헛되이 찾았던 해방을 의미한다. 정말 완벽한 도구를 마음대로 이용할 때 계산과 발명을 통해 모든 것이 가능해진다. 이 도구는 실재한다. 콘크리트와 철은 지금까지 알고 있던 구조 체제를 완전히 뒤바꾸었다. 이론과 계산을 적용하여 얻은 이 재료들의 정확성은 먼저 성취된 성공을 통하여, 이어서 자연적 현상을 연상시키는, 자연에서 실

리무쟁과 프레시네Limousin et Freyssinet 공장

프레시네와 리무쟁의 개념과 구조
폭 80m, 높이 50m, 길이 300m. 파리 노트르담 성당의 회중석 폭은 12m, 높이는 35m이다.

현된 경험들을 끊임없이 재발견하게 하는 외관에 의하여 매일 우리에게 고무적인 결과를 가져다준다. 만일 우리가 우리 자신을 과거와 직면하게 한다면, 우리가 지금까지의 속박들로부터 진정한 해방을 얻기 위하여 단지 이용하기만 하면 되는 새로운 공식을 발견했다는 사실을 올바르게 인식할 수 있게 된다. 건설 방법에서 혁명이 일어난 것이다.

    건축은 수정된 법칙에 직면해 있다. 건설은 너무나 큰 기술 혁신을 경험한 터여서 여전히 우리를 괴롭히는 낡은 '양식들'은 더 이상 그것을 포용할 수 없다. 사용된 재료들은 장식 예술가들의 주의를 헛되게 한다. 형태와 운율에서 이러한 건설법이 부여해 준 대단한 새로움을 경험하게 되는데, 이러한 배치와 새로운 산업 프로그램에서의 새로움은 우리로 하여금 볼륨과 리듬 및 비례 위에 설정된 건축의 진실하고 심오한 법칙에 대해 더 이상 우리의 마음을 닫고 있을 수 없게 한다. '양식들'은 더 이상 존재하지 않으며, 그것들은 우리의 시야 바깥에 있다. 만약 그것들이 여전히 우리를 성가시게 한다면, 그것은 마치 기생충이 우리를 괴롭히는 것과 같은 이치다. 만약 우리가 우리 자신을 과거와 직면하게 한다면, 우리는 4000년 동안 전개되어 온 다수의 규칙 및 규정들과 함께 낡은 건축 법규는 더 이상 흥미

프레시네와 리무쟁, 기업가, 오를리 공항의 거대한 비행선 격납고 폭 80m, 높이 56m, 길이 300m

대상이 아니라는 결론에 이르게 된다. 모든 가치는 수정되어 왔다. 건축이 무엇인가라는 개념에서도 혁명이 일어났다.

옥상에 자동차 시험 주행로가 있는 튜린Turin의 '피아트Fiat' 공장

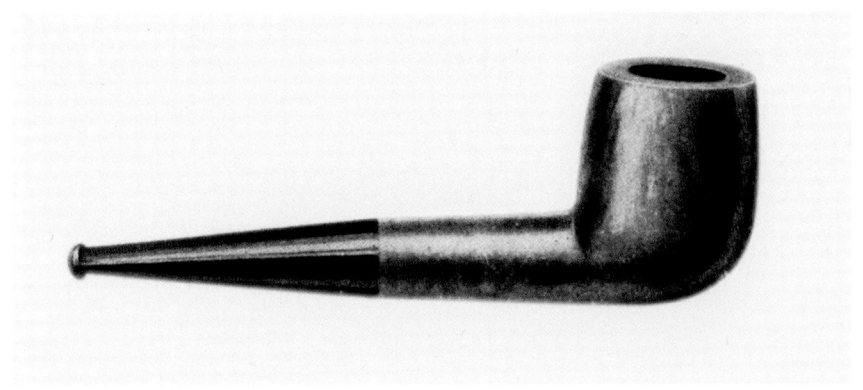

'파이프Pipe' 협동조합, 파리, 1921~1922

모든 분야에서 자신에게 영향을 끼치는 반작용으로 인해 불안해하는 오늘날의 인간은, 스스로를 규칙적이고 논리적이며 분명하게 형성해 나가면서 유용하고 쓸모 있는 것들을 순수하게 생산해 내는 세계를 느끼는 한편, 놀랍게도 자신이 낡고 적대적인 환경 속에서 살고 있음을 자각한다. 이러한 환경, 그것은 자신의 숙소다. 그의 도시, 가로, 주택, 아파트가 쓸데없이 그에게 대립하며, 그가 업무에서 추구하는 것과 같은 정신적 길을 휴식중에도 따르고자 하는 것을 방해한다. 자기 존재의 유기적 발전, 즉 가정을 이루어 지상의 온갖 동물과 모든 시대의 모든 사람처럼 유기적인 가정생활을 영위코자 하는 그 유기적 발전을 여가중에 따르려 하는 것을 훼방하는 것이다. 사회는 이처럼 가정 파괴를 돕고 있다. 결국 가정은 사회가 자신을 궤멸시키리라는 것을 두려움에 떨며 깨닫는다.

우리에게는 일종의 경고로, 현대적 정신 상태와 해묵은 쓰레기가 숨막힐 듯 축적된 사이에 심각한 불화가 만연되어 있다.

이것은 우리 삶에서 일어나는 실재적 사실들조차 의문시되는 적응의 문제다.

사회는 얻을 수 있거나, 또는 얻을 수 없는 무엇인가에 대한 강렬한 욕구로 가득 차 있다. 모든 것이 거기에, 투여된 노력과 이러한 심상치 않은 징후에 기울어진 주의에 달려 있다.

건축이냐 또는 혁명이냐.

혁명은 피할 수 있다.

르 코르뷔지에가 샤를르 레플라트니에에게 보낸 편지

르 코르뷔지에가 자신의 옛 스승인 레플라트니에Charles L'Eplattenier에게 이 편지를 쓴 것은 그가 스물한 살이 되던 해였다. 그러나 이 편지는 오랫동안 정성스럽게 보관해 오다가 『로잔 신문la Gazette de Lausanne』에 위탁한 라 쇼드퐁 La Chaux-de-Fonds 학교 교수의 딸 덕분에 르 코르뷔지에가 사망한 다음날에서야 비로소 알려졌다. 일생 동안 알려지지 않았던 이 메시지는 모든 것이 끝난 것처럼 보인 때에 강렬한 빛을 발하며 드러난 것이다. 이 편지는 그가 어떤 인간이었는지, 그의 감수성과 성격과 결심이 어떠하였는지, 우리 모두와 같이 그 역시 가지고 있었던 결점이 무엇이었는지를 더욱 잘 이해할 수 있게 해준다. 또 그가 무엇에 대해 투쟁했는지 더욱 잘 알 수 있게 해주며, 그가 엄격성을 지켜 온 이유와 그가 지닌 원기, 상냥함, 까다로운 성향, 소심한 사람에게나 있음직한 격렬한 감정 폭발의 원인을 더욱 잘 파악할 수 있게 해준다. 메시지는 그가 창조 행위를 하기 전에 했던 오랜 기간의 명상, 즉 풍요로운 마음가짐의 의연함을 발견하게 해준다.

우리는 1908년에 와 있으며, 그는 스물한 살의 청년이다. 그러나 르 코르뷔지에는 그때 이미 자신의 미래를 활짝 넓혀 놓았다. 당시 조각가였던 그는 유럽 대륙을 두루 돌아다니며 건축이 무엇인지를 날카롭고 생생한 시각으로 낱낱이 기록하였다. 그는 모든 영역에서 감지한 불화의 징조에서 새로운 시대가 탄생하였음을 제시하고 있다. 그는 철과 시멘트의 결합이 가져올 결과가 무엇인가를 인식하고 있고, 뛰어난 명철함으로 자신의 삶과 투쟁이 어떠하리라는 것도 예감하고 있다. 금세기 초에 자신이 지닌 혈기와 열정, 흥분과 결단을 터뜨린 것이다. 그의 편지는 젊은이들에게 굉장한 메시지며 현재에도 시사하는 바가 매우 분명하다.

유젠느 클로디우스–프티 Eugène Claudius-Petit
(국회 부의장, 전 재건 및 도시계획부 장관)

친애하는 선생님께

저는 얼마간 고향에 머무르려고 곧 집으로 돌아갈 예정입니다. 선생님과 부모님을 다시 뵙게 되어 매우 기쁘면서도 고민도 많습니다. 친구 페랭Perrin이 보낸 카드와 편지를 읽고 불안한 생각을 갖게 되었습니다……. 선생님과 저의 재회가 온전한 기쁨과 선생님이 제게 주시는 격려로 이루어져야 하고 어떠한 오해도 없어야 하겠기에 사전에 선생님께 말씀드리고 싶었습니다(나이가 어린 저로서는 매우 어려운 일이기는 합니다만).

제가 이 같은 용기를 가지는 것을 보면 선생님께서 저로 하여금 조각가가 아닌 다른 길을 걷게 하신 것이 틀리지 않은 것 같습니다.

선생님은 저의 삶이 전혀 장난이 아니며, 제가 **천직**으로 여겼던 개념을 가진 건축가가 되기 위해서는 이전에 제가 되고자 했던 조각가의 삶에서 벗어나 필요한 일을 하고, 원대한 발걸음을 내디뎌야 한다고 말씀하셨습니다. 이제 제가 어디로 가고 있는지를 알게 된 이상, 커다란 기쁨과 열정을 가지고 이 발걸음에 노력을 기울일 것입니다.

파리에서의 생활은 많은 것을 배울 수 있는 풍요로운 시간이며, 뭔가를 하고 싶어하는 이에게는 자신의 역량을 키워나갈 수 있는 기회입니다. 만약 스스로에게 (무자비할 정도로) 엄격하고 준엄하지 않으면 거대한 사고思考를 품고 있는 파리에서는 갈피를 못 잡게 됩니다. 사랑(우리 안에 있는 신성한 정신에 대한 사랑, 또한 우리의 마음을 이 숭고한 과업에 쏟아붓는다면 우리의 정신이 될 수도 있는 사랑)하고자 하는 사람에게는 모든 것이 있는 장소입니다.

물론 지내온 시간들이 바람직한 시간이었는지를 되돌아보는 것을 게을리하는 사람에게는 파리가 아무것도 아닐 것입니다. 파리에서의 생활은 엄숙하고도 활동적입니다. 파리는 공상가들에게는 죽음의 장소이며 매순간 일하기를 원하는 사람들에게는 가혹한 채찍이 가해지는 곳이기도 합니다(일거리를 제공한다는 것이지요).

파리에서의 생활은 고독합니다. 게다가 8개월 전부터 저는 혼자 살고 있습니다. 각 개인이 지니고 있는 의연한 정신, 그 정신과 날마다 허물없이 이야기하고자 합니다. 그리고 오늘 저는 또렷한 정신을 가지고, 고독이 주는 풍요한 시간을, 그 정신을 잠식하고 그것에 채찍이 가해지는 시간을 말할 수 있습니다. 오, 생각하고 배우기 위한 약간의 시간도 저에게 더 없는지요? 아쉽게도 먹고살기에 바쁜 초라한 현실 생활은 이 귀한 시간을 게걸스럽게 먹어치워 버렸습니다.

저의 개념은 정립되었습니다. 그 개념의 어떤 것이 그토록 선동적이었는지(생각을 유발시킨 것들이 무엇인지), 무엇에 기반을 두고 있는지에 대해서는 나중에 말씀드리겠습니다. 그 개념을 설정하는 데 있어 "저는 부질없는 공상에 빠지지는 않았다"고 말씀드리고 싶습니다.

이 개념은 원대한 것입니다. 그것은 저를 열광케 하고, 고통으로 내몰기도 하고, 흥분시키기도 하고, 제 속에 있는 힘―내적인 것에 의해 유발된 힘―이 "너는 할 수 있어!"라고 소리칠 때 가끔 제게 날개를 달아 주기도 합니다. 여전히 빛을 발하고 있는, 어렴풋하나마 위대하다고 생각하는 것에 도달하기 위해서 저는 많은 시간을 갖고 있습니다.

오늘날에는 독일의 한두 학교―비엔나와 다름슈타트―가 성공한 것과 유사한 성공에 대한 어릴 적의 작은 꿈들은 끝났습니다. 그것은 너무나 쉬운 것으로, 저는 진리 그 자체와 싸우고자 합니다. 그 진리는 분명히 저를 몹시 괴롭힐 것입니다.

오늘날 제가 숙고하는 것은 저의 평온함이 아니라 미래를 위해 준비를 하는 것입니다. 그리고 대중의 성공 가능성에 대해서는 그다지 염두에 두고 있지 않습니다. 그러나 솔직하게 살아갈 것이며, 또한 잘못된 것들에 대해 독설을 퍼붓는 것을 즐거워하며 살아갈 것입니다.

제가 이러한 것들에 대해 말할 때는, **제가 몽상에 빠져서가 아니라** 제 안에 있는 힘이 말하고 있는 것입니다.

머지않아 현실은 가혹해질 것입니다. 왜냐하면 제가 좋아하는 것들과의 투쟁이 다가오고 있고, 앞으로도 그런 투쟁들이 생겨날 것이기 때문입니다. 그렇지 않다면 우리는 더 이상 서로를 사랑할 수 없을 것입니다.

오, 저는 제 친구들과 동료들이 그렇게 소중하게 여겼던, 변덕스럽고 미묘한 만족을 추구하는―애지중지하는 이것들이 좋다고 믿으며―대수롭지 않은 생활방식을 멀리 쫓아내기를 간절히 원했습니다. 그들이 얼마나 저속한 것들을 목적으로 삼았으며 얼마나 생각하지 않고 사는지를 스스로 느낄 수 있기를 바랐습니다. 그들은 시대 사조에 젖어 오늘도 아니…… 내일까지도 아르누보art nouveau 작품을 만들어 낼 것입니다. 우리는 도망쳐 버릴 이러한 사조와 싸워야 하며, 고독 안으로 들어가야 합니다. 파리는 침묵과 비정한 은둔을 끊임없이 찾는 이에게 고독을 가져다줍니다.

제가 생각하는 건설 예술의 개념은 지금까지 저의 빈약한—혹은 불완전한—능력이 저로 하여금 다다르게 해준 개요에 희미하게나마 나타나고 있습니다.

비엔나는 건축을 순수하게 조형적으로(형태만을 연구하여 만든 조형물로) 여기는 저의 개념에 치명적인 한 방을 날렸습니다. 파리에 도착하여 저는 제 속에서 거대한 공허를 느끼며 "불쌍한 것! 너는 아직 아무것도 모르는구나. 슬프다! 너는 네가 행하지 않은 것은 모르는구나"라고 혼자 중얼거렸습니다. 저의 커다란 근심이 거기에 있었습니다. 누구에게 이에 대해 질문할 수 있었을까요? 그것을 잘 알지 못하는 샤팔랑Chapallan은 저에게 더 많은 혼란만 가져다주었습니다. 그라세Grasset, 주르뎅F. Jourdain, 소바주Sauvage, 파케Paquet 등도 그러하였습니다. 페레Perret를 만나서도 감히 이 주제에 대해 질문하지 못했습니다. 게다가 그들은 모두 제게 "당신은 건축에 대해 충분히 알고 있소"라고 말합니다. 그러나 저의 정신은 반감에 휩싸였고 마침내 과거의 사람들을 참고하려고 떠났습니다. 저는 가장 열광적인 싸움꾼이었으며 20세기를 사는 우리가 닮아야 할 로마 인들을 선택하였습니다. 3개월 동안 로마 인에 대해 연구했으며 밤에는 도서관에 갔습니다. 노트르담 성당에도 갔으며 보자르Beaux-Arts에서 마뉴Magne의 고딕에 대한 마지막 강의를 들었습니다……. 그리고 저는 이해했습니다.

페레 형제는 저에게 회초리 같은 존재입니다. 이 능력 있는 형제는 저를 매로 키웠습니다. 그들은 작품을 통해, 혹은 때때로 토론에서 저에게 "당신은 아무것도 몰라"라고 말했습니다. 로마를 연구하면서 건축이 형태의 조화와 관계 있는 일이 아닌 다른 어떤 것이라고 의심하게 되었습니다. 저는 그것을 아직 잘 알지 못하여, 역학과 정역학을 공부했습니다. 오, 여름 내내 그것들을 공부하느라고 땀을 흘렸습니다. 얼마나 실수를 자주 했는지, 오늘 저는 분노를 지닌 채 현대 건축가인 제가 과학에 무지함을 확인하곤 합니다. 지금은, 분노와 기쁨을 모두 느끼며, 결국 그것이 앞으로 유용하리라 여기기 때문에 저는 재료의 효과에 대해 연구하고 있습니다. 수학은 까다롭기는 하지만 아름다우며, 정말 논리적이고 완벽합니다!……마뉴는 이탈리아 르네상스 수업을 다시 시작하였는데, 저는 그 강의내용을 거부하고 여전히 건축을 배웁니다. 보엔발트Boennewald는 로마-고딕 건축에 대한 강의를 다시 시작했는데 거기에서 건축이 명백히 드러납니다.

페레 형제의 현장에서 저는 콘크리트를, 그가 간절히 원하고 있는 획기적인 형태를 봅니다.

파리에서의 8개월은 과거 예술을 향한 꿈 이면에 있는 논리성, 진실성, 정직성이란 단어를 외치게 합니다. 격조 높은 견해들이 제시되고 있습니다. 말 그대로, 단어의 모든 의미를 동원하여 파리는 제게 "네가 좋아했던 것을 불태우고 네가 불태웠던 것을 열렬히 사랑하라"고 말합니다.

그라세, 소바주, 주르뎅, 파케와 그 외의 사람들, 당신들은 거짓말쟁이입니다.

진실의 귀감인 그라세 당신은 건축이 무엇인지 알지 못하기 때문에 거짓말쟁이입니다. 다른 건축가 분들도 거짓말쟁이며 바보입니다.

건축가는 조직적 두뇌를 가진 사람이어야 합니다. 조형적 결과에 대한 애정을 경계하는 적대자이어야 합니다. 과학적 인간이어야 하며 예술가와 학자의 마음을 가져야 합니다. 저는 그것을 알고 있는데 당신들 중에 누구도 저에게 그것을 말해 주지 않았습니다. 조상들은 의견을 묻는 이들에게 그것을 말해 줄 수 있습니다.

이집트 건축이 그러했습니다. 종교가 그러했고, 재료가 그러했기 때문입니다. 신비의 종교, 평평하고 요철 없는 쇠시리로 된 외관, 바로 이집트 신전이 그러했습니다.

고딕 건축과 종교가 그러했고, 재료가 그러했기 때문입니다. 확장되는 종교와 간소한 재료, 바로 대성당이 그러했습니다.

앞선 글에 대해 결론을 맺겠습니다. 만일 평평하고 요철이 없는 쇠시리를 사용한다면, 사람들은 이집트나 그리스 또는 멕시코의 신전을 만들 것입니다. 또 간소한 재료를 사용하여 대성당을 지을 것이며, 대성당 시대 이후의 여섯 세기는 이것 외에는 아무것도 만들 수 없다는 것을 증명합니다.

사람들은 내일의 예술에 대해 말하곤 합니다. 이런 예술은 존재할 것입니다. 왜냐하면 인류는 사는 방식, 사고하는 방식을 바꾸었기 때문입니다. 프로그램은 새롭습니다. 새로운 환경에서 그것은 새롭습니다. 앞으로 다가올 예술에 대해 말할 수 있습니다. 왜냐하면 철이라는 새로운 수단이 배경에 있기 때문입니다. 이 예술의 오로라는, 파괴되기 쉬운 철을 이용하여 결과적으로 놀라운 창조물인, 인간의 역사에서 기념물을 통해 대담성의 푯말을 남길 철근 콘크리트를 만들었기 때문에, 눈부시게 아름답습니다.

(1908년 11월 22일, 파리)

저는 제가 충분히 알 때까지 파리에 살면서, 이렇게 여행을 통해 연구하고 일하고 투쟁하는 생활, 행복한 젊은이의 삶을 오랫동안 지속하기를 바랍니다. 이를 통해 행복을 느끼기 때문에 이러한 삶을 원하는 것입니다.

만약 상황이 바뀌지 않는다면, 저는 더 이상 선생님께 동의할 수 없습니다. 동의할 수 없게 될 것입니다. 선생님께서는 20세의 젊은이들을 성숙하고 활동적이고 완성된 사람(자신의 후계자들에게 책임감을 갖고 실행할 줄 아는 사람)으로 만들기를 원하십니다. 왜냐하면 선생님은 왕성한 창작욕구를 느끼시기 때문에, 젊은 사람에게서 이미 얻어진 그런 창작력을 볼 것이라 믿으시기 때문입니다. 분명 이와 같은 힘은 그곳에 있습니다. 그러나 선생님께서 파리에서의 생활과 여행에서, 또 라 쇼드퐁에서의 초기 생활 중에 경험하셨던 고독에서 그 능력을 무의식적으로 — 왜냐하면 오늘날 선생님께서는 선생님의 청년기를 부인하시는 것 같으므로 — 키우셨던 것과 같은 의미에서 이 힘은 개발시켜야 한다고 생각합니다.

선생님의 강의를 수강하는 학생들은 이미 — 그들의 작업을 통해 — 당당하고 승리에 찬 인간이 됩니다. 그러나 20세 때에는 겸손해야 한다고 생각합니다.

거만함(자존심)은 그들의 실제 삶의 깊은 곳에서까지 우러나오고 있습니다. 그들은 벽을 아름다운 색으로 칠하고 미美를 창출할 수 있다고 믿습니다. 미는 유감스럽게도 왜곡된 것이고 꾸며 낸 것입니다. 표면만의 미이고, 당연한 결과이지만, **우연의 미**인 것입니다. 작품을 만들려면 많은 것을 알아야 합니다. 수업에 참여한 학생들은 아직 배우지 않았기 때문에 모르는 상태입니다. 그들은 자신들의 어설픈 개념에 빠져 갈피를 못 잡고 있습니다. 그들은 고통스럽거나 힘들었던 경험을 해본 적이 없습니다. 고통 없이 예술은 만들어지지 않습니다. 예술은 살아 숨 쉬는 마음의 절규이기 때문입니다. 그들은 자신들이 마음을 가지고 있다는 **사실조차 모르기 때문에** 그들의 마음은 결코 살아 있는 것이 아닙니다.

저는 이 모든 작은 성공은 너무 이른 것이라고 말하겠습니다. 파멸이 가까이 와 있습니다. 모래 위에는 집을 짓지 않는 것입니다.

너무 일찍 움직인 것입니다. 선생님의 군병들은 유령입니다. 전쟁이 일어났을 때 선생님은 혼자이실 것입니다. 왜냐하면 선생님의 군병들은 자신들이 **존재하고** 있는 줄을—그들이 왜, 어떻게 존재하는지를—모르기 때문입니다.

선생님의 군병들은 결코 사고思考하지 않습니다. 내일의 예술은 사고의 예술일 것입니다.

차원 높은 개념이여, **앞으로!**

선생님만 홀로 앞서 사고하십니다. 그들은 되는 대로 생각하고—가끔씩 행운이 따르긴 하지만—망설이고 또한 계속해서 굴복할 것입니다.

역량이 뛰어나신 선생님은 그것이 자기 자신을 아는 것이라는 것을 아셨습니다. 선생님은 그것이 고통과 분노의 위기—또 감격의 폭발을 대가로 치른다는 것을 아셨습니다.

선생님은 "나는 고민하였고, 그들에게 길을 예비해 주었다. 그들은 살아 있지 않은가!"라고 말씀하십니다.—이와 같이 습기 없는 바위 위에 뿌리를 내리는 데 20년을 보낸 한 나무는 관대하게 말합니다. "나는 투쟁하였다. 나의 후예들은 얼마나 성과를 거두었는가!" 그는 바위에 대리석 무늬 같은 자국을 내는, 그 자체가 낙엽 층으로 이루어진, 고통을 지나 생겨난 어떤 부식토 지층 위에 씨앗을 떨어뜨립니다. 바위는 태양열로 데워지고 씨앗은 작은 뿌리를 내립니다. 얼마나 대단한 발랄함입니까! 작은 잎들을 하늘로 솟게 하는 것은 얼마나 큰 즐거움인지요! 그러나 태양은 바위를 가열합니다. 식물은 걱정스레 주위를 돌아봅니다. 그것은 너무 강렬한 열기로 인해 현기증을 느낍니다. 식물은 자신의 어린 뿌리들을 커다란 보호자를 향해 내뻗고 싶어합니다. 그러나 그 보호자도 자신의 일부를 투쟁을 통해 바위 틈으로 끼워 넣는 데 20년이 걸렸습니다. 그 몸의 일부는 매우 비좁은 틈을 채웁니다. 고통스러워하는 어린 식물은 자신을 낳은 나무를 원망합니다. 작은 식물은 나무를 저주하고 죽으며, 스스로의 힘으로 살게 되지 못함을 몹시 괴로워합니다.

바로 이것이 제가 고향에서 보는 것입니다. 거기에 저의 염려가 있습니다. 저는 20세에 창조하고 또 감히 계속 창조하기를 원하는 것은 판단 착오이자 실수이고 눈먼 비범함—터무니없는 기만이라고 말합니다. 그것은 아직 폐가 없을 때 노래하기를 원하는 것과 같습니다! 자신의 존재에 대해 이렇게 무지함에 빠져 있어야 한단 말입니까?

고통을 준비하는 나무 때문에 나무의 비유는 저를 두렵게 합니다. 왜냐하면 선생님께서는 사랑으로 가득 찬 분이시기에 선생님의 마음은 안절부절못하는 삶—투쟁할 수 있기 위해 도달해야 하는 삶—이 거만하게 하늘을 향해 자신의 머리를 뻗고 있는 작은 식물들을 태우려고 태풍처럼 다가오는 것을 보며 슬픔에 잠기실 것이기 때문입니다.

친구들을 어떻게 다시 볼 수 있을까요? 저는 페랭처럼 저 자신을 그들에게 줄 수 있을 만큼 고상하지 못합니다. 저는 너무나 숨 막히는 고통을 느낀 나머지 도망쳐 버릴 것입니다. 저는 두세 명의 친구들과의 연대의식 때문에 너무나 강한 고통을 이미 느꼈으며(고향을 떠난 이후 줄곧), 저는 마침내 달아나 버렸습니다.

제가 사랑하는 스승이신 선생님과의 투쟁은 선생님 자신의 비범한 의지력에 현혹되고 매료되어 선생님께서 그와 유사한 힘을 도처에서 볼 것이라고 믿으시는 실수에 대한 투쟁일 것입니다. 선생님은 낡은 병원에서 젊고 강렬하며 열광적인 화로를 볼 수 있으리라 믿고 계십니다. 이것은 이미 성숙했고 승리를 거둔 화로입니다. 선생님이 그곳에서 그것이 타오르는 것을 보실 때, 그것은 선생님의 불꽃입니다.

더 멀리 올바르게 보기에는 제가 너무 어려 감히 결론을 내릴 수가 없습니다. 그러나 제가 알고 있는, 지금까지 드린 말씀은 옳다고 여깁니다. 왜냐하면 제가 실제로 경험한 것들에 대해서만 말씀드렸기 때문입니다.

친구들에 대한 투쟁은 그들의 무지에 반대하는 투쟁이 될 것입니다. 제가 뭔가를 알고 있어서가 아니라 **제가 아무것도 모른다는 사실을 저 스스로 알고 있기 때문입니다**. 그들이 항상 저에게 아픔을 줄 것이므로 저는 그들과 더 이상 함께 지낼 수 없을 것입니다. 제가 더 높이, 더 앞서 보고자 하기 때문에 그들은 저에게 제동을 걸 것입니다.

너무나 절친한 우정으로 그들을 사랑하기 때문에, 저는 제 안에서 상처를 받을 것입니다. 저는 얼마 전부터 '연대의식'의 꿈이 무너지는 것을 보았으며, 우리들 중 가장 강인하다고 믿었던 두세 명이 이미 죽기 시작했습니다. 그들은 자신의 **자아**에 대한 격렬한 사랑인 예술이 무엇인지 모릅니다. 우리는 —투쟁을 통해— 그렇게 되도록 강요할 때 현세의 자아가 될 수 있는 이 신성한 '자아'를 은둔과 고독 속에서 찾을 것입니다. 그때 이 **자아**는 말하게 되며, 존재의 심오한 것들에 대해 말합니다. 예술은 태어나고 덧없이 사라지기도 하며 돌연 나타나기도 합니다.

사람들은 고독 속에서 자신의 자아와 싸우고 자신을 벌하며 채찍질합니다.

그곳에 있는 친구들은 고독을 찾아야 합니다.

……어디에서?

……어떻게 찾을 수 있을까요?

편지가 너무 늦었습니다. 하지만 편지를 드리고 싶었어도 더 일찍 쓰지는 못했을 것입니다. 저는 선생님께서 이 침묵을 염려하고 계심이 틀림없다고 느낀 것을 뉘우치고 있었습니다. 할 일이 너무 많아 단 일 분도 낭비할 여유가 없습니다. 저는 약간의 평온함을 원합니다만 강의가 없는 여름에야 그런 평온함을 얻을 수 있을 것 같습니다. 저에 대해서는 염려하지 마십시오. 저는 너무도 선생님을 사랑하여 단 하루도 선생님을 잊을 수 없습니다. 선생님께서 신뢰하셨던 우리가 이 중대한 시기에 이러한 과업을 수행할 능력이 있으며 그럴 준비가 되어 있다고 모든 힘을 다하여 원하는 것 외에 다른 것을 할 수 없을 만큼 저는 선생님의 아름다운 작품에 매료되어 있습니다. 조만간 선생님을 뵙고 말씀드릴 수 있으리라 생각하고 이만 짧게 작별인사를 드립니다.

(1908년 11월 22일, 파리)

선생님을 매우 사랑하는 제자

샤를르 에두아르 잔느레 Ch. E. Jeanneret 올림

편집자 주 : 친절하게도 이 편지의 존재를 우리에게 알려준 유젠느 클로디우스-프티에게 깊은 감사를 드립니다.

역주

1. 1920~1925년까지 르 코르뷔지에와 화가 아메데 오장팡, 시인 폴 데르메Paul Dermée가 주도하여 발행한 문학 및 예술 잡지

2. 유럽 최초의 건축 교육가로 알려진 블롱델J. F. Blondel(1705~1774)은 건축 역사와 이론, 기술, 재료의 특성, 도형 기하학, 수학, 공예, 군사 건축 등 다방면에 조예가 깊었다. 에콜 데 보자르의 교수를 지내며 물리적·문화적 맥락을 지닌 건물을 연구할 것을 강조했으며, 건축의 사회적 유용성을 중시하였다. 18세기 이후 꽃을 피운 프랑스 합리주의 건축의 기초를 닦은 인물이다. 클로드 페로Claude Perrault(1613~1688)는 의사이자 명성 높은 학자였고 과학 아카데미의 회원으로서 모더니즘의 이론가로 인정받았으며, 건축에 깊은 관심을 가졌다. 그러나 두 사람 모두 실제로 지어진 건축물을 남기지는 못했다.

3. 가죽이나 판지, 얇은 금속편 따위에 모형을 대고 그 모형과 같은 것이 겉으로 나오게 두드려 내는 기구

4. 실제 창간호는 1920년 10월 15일에 발행되었다.

5. 독일공작연맹Deutscher Werkbund의 부회장이었던 미스 반 데어 로에Mies van der Rohe는 건축 공정의 합리화, 신재료와 신기술 사용, 경비 및 작업 절감을 목표로 삼고 기술적·합리적인 근대 세계를 어떻게 주택이라는 가장 친근한 삶의 공간에 참여시킬 수 있을지를 고민하던 중 당시 유럽 건축을 이끌어가던 5개국 16명의 건축가를 초청하여 슈투트가르트의 바이센호프에서 근대 주택 전람회를 개최했다.

5.5. 르 코르뷔지에는 이 책에서 복수로 쓰인 '양식들styles'은 부정적인 의미로, 단수로 쓰인 'style'은 긍정적인 의미로 사용하였다. 곧 이어지는 문장에 나오는 것처럼 단수의 '양식'이 한 시기의 독특한 원리를 의미하는 것과 달리, 복수의 '양식들'은 이미 지난 세대의 여러 양식들을 시대적 자각 없이 유행처럼 혼용하는 당시의 절충주의적 상황을 개탄할 때 쓴 것이다.

6. 오뷔송은 프랑스의 리무쟁Limousin 지역 크루즈Creuse에 있는 인구 5000명도 채 안 되는 작은 마을로, 전통적으로 장식융단을 생산하는 곳으로 유명하다. 살롱 도톤은 1903년부터 매년 가을 파리에서 열리는 진보적 성격을 띤 전람회다. 포비즘, 큐비즘 등 근대 회화 사상에 큰 발자취를 남겼다.

7. 118~138, 티볼리Tivoli. 로마 황제 하드리아누스가 건설하였다. 고대 지중해 세계의 물질 문명을 대변하는 최고의 작품으로 평가받는 저택으로, 르네상스와 바로크 시대의 건축가들이 고전

건축의 요소들을 재발견하는 데 중요한 역할을 하였다.

8. 50년경 프랑스 님Nîme 근처에 세워진 고대 로마 수도교水道橋

9. 루이 14세의 후원 아래 망사르가 설계한 교량으로 1689년에 완공되었다.

10. 유럽의 패권을 차지하기 위해 루이 14세가 일으킨 잦은 전쟁에서 부상당한 사람들을 위해 리베랄 브뤼앙Libéral Bruant은 병원을 지었고(1671~1676), 망사르는 돔 성당을 건설하였다(1679~1706). 지하에는 나폴레옹 1세가 안치되어 있다.

11. 설계 경기에서 당선한 빅토르 라루Victor Laloux의 작품으로, 1900년에 파리 만국박람회를 겨냥하여 완공되었다. 지금은 오르세 미술관으로 개조되었다.

12. 1900년 파리 만국박람회를 기념하기 위한 전시장으로, 19세기 말의 화려했던 파리 분위기를 대표하는 건물이다.

13. 당시에 건축 교육은 별도의 건축대학이 아닌 에콜 데 보자르(미술대학)에서 행해졌다. 예술로서의 건축이 강조되었던 것이다. 프랑스에서 건축대학이 독립된 때는 르 코르뷔지에가 사망한 지 3년이 지난 1968년의 일이다. 이 책의 여러 곳에서 알 수 있듯이 르 코르뷔지에는 평생토록 에콜 데 보자르의 교육 방식과 미적 경향에 대해 강하게 비판하였다.

14. 플로렌스에 있는 피티 궁전은 1448년 피티Luca Pitti가 브루넬레스키F. Brunelleschi에게 처음 의뢰했을 때는 지금보다 훨씬 소규모였다. 이 궁전은 플로렌스의 새로운 권력자인 메디치 가家에 의해 브루넬레스키가 죽은 지 10년이 지나 건설이 시작되어 1783년까지 계속 확장되었다. 암만나티Ammannati가 설계한 중정을 면한 파사드는 르네상스의 걸작 가운데 하나로 꼽힌다.

15. 리볼리 가는 이웃한 시테 섬과 함께 파리에서 가장 먼저 정착민이 개척한 유서 깊은 가로다. 반면에 오르세 미술관에서 당페르 로슈로Denfert-Rochereau까지 파리의 중심부에서 남쪽을 향해 일직선으로 뻗어 있는 라스파일 대로에는 절충주의가 난무했던 19세기에 건설된 장식적인 건물들이 들어서 있다.

16. 1869~1948. 1886년 리옹 미술학교를 졸업하고 1899년 에콜 데 보자르의 줄리앙 가데 Julien Guadet의 문하에서 수학했다. 1899년 로마 대상을 수상하고 메디치 저택에서 유학했으나 국비 장학생으로서의 의무인 고전 건축에 대한 연구에는 관심을 두지 않고 아카데믹한 원리(좌우 대칭과 강요된 기념성)에서 벗어난 새로운 도시계획에 몰두하여 철근 콘크리트로 건설된 사회주의 사회인 공업도시를 발표하였다. 1908년 그를 만난 르 코르뷔지에는 철근 콘크리트의 가능성을 확신하게 된다.

17. 1874~1954. 철근 콘크리트 및 구조 전문가로서 두 형제와 함께 페레 형제Perret Frères라는 회사를 차려 프랭클린 가rue Franklin의 아파트, 샹젤리제 극장 등 많은 작품을 남겼다. 르 코르뷔지에는 1908년 2월부터 14개월간 파리에 체류하며 페레에게서 콘크리트를 배웠는데 이때 건

축가로서의 새로운 삶과 작업에 대한 비전, 순수한 형태를 가능케 하는 철근 콘크리트에 대한 확신을 갖게 된다. 이 책의 말미에 실린 르 코르뷔지에의 편지는 이 무렵에 쓴 것이다.

18. 파리에 새로 형성된 라스파일 대로, 파리 교외 및 전원에 여전히 고전적 개념에 따라 계획되는 주거들, 1900년 파리 만국박람회장으로 사용되었던 그랑 팔레나 프티 팔레의 장식으로 찬 파사드 등을 보면

19. 우주의 온갖 현상이 선행되는 원인에 의해 엄밀하게 결정된다는 주장

20. 기원전 6세기부터 기원전 5세기까지 페르시아를 지배했던 왕조가 아케메네스Achaemenids이다.

21. 프랑스의 도공으로, 동물이나 인물상 장식을 넣어 만든 전원풍 도자기로 유명하다.

22. 1890년에 클레망 아더Clément Ader는 20마력의 증기모터를 이용하여 박쥐 모양의 비행체를 만들었는데, 불과 몇 센티미터 높이로 10여 미터를 비행했다.

23. 벽난로 앞면 주위의 장식적 구조 전체

24. 석고에 식물 섬유 따위를 섞은 건축용 장식 재료

25. 모기, 꼬마라는 뜻

26. 파리 동남쪽의 바스티유 광장Place de la Bastille과 나시옹 광장Place de la Nation을 잇는 길

27. 자동 피아노의 상품명

28. 여기서 르 코르뷔지에가 생각하는 매스와 볼륨의 차이점을 알 수 있다. 둘 다 우리말로 '부피'로 풀이되어 해석과 사용에 혼란을 겪고 있는 이 단어들의 의미를 르 코르뷔지에는 분명히 구별한 것이다. 즉 매스는 그 속에 차 있는 물질이 부각되어 중량감과 재질감이 강조된 덩어리를 뜻하며, 볼륨은 설령 같은 모양이라도 표피에 싸여 있는 내부의 빈 공간을 더 중시할 때 쓰인다. 19세기까지의 어둡고 무거우며 폐쇄적인 건축과 20세기의 근대 건축에서 밝고 가벼우며 개방적인 건축의 특성을 단적으로 비교하는 용어들이기도 하다.

29. 브르타뉴 지방은 6세기경 영국에서 건너온 켈트 족이 주민의 상당수를 이루는 프랑스 서부 지역으로, 15세기에야 프랑스에 편입된 데다가 개발이 더딘 까닭에 지역색이 가장 잘 보존된 곳이다. 르 코르뷔지에는 이곳의 전통 가구를 현대인의 생활과 대비시키고 있다.

30. 르 코르뷔지에가 1908년에 발표된 아돌프 로스Adolf Loos의 수필 『장식과 죄악Ornament and Crime』에 적극 동의함을 보여 준다. 당시 영국 신사 복장이었던 실용적이고 깔끔한 잉글리시 댄디English Dandy는 장식의 굴레에서 벗어나기를 염원한 로스의 사고에 커다란 영향을 미쳤다. 다음 문장인 장식에 대한 언급도 로스의 장식에 대한 태도와 정확히 일치한다.

31. 6세기에 최초로 건립되었는데 성상파괴주의자들의 박해를 피해 그리스를 탈출한 비잔틴 수

도사들이 782년경에 이곳에 도착하여 자신들의 뛰어난 예술적 재능을 발휘, 교회에 아름다운 장식을 했다. 1084년 노르만 족이 로마를 약탈했을 때 손상을 입었으나 재건하면서 훌륭한 종탑이 추가되어 오늘에 이른다.

32. 르 코르뷔지에의 표현은 다소 거칠고 비유가 많아 쉽게 이해되지 않는 문장들이 있다. 이도 그 중의 하나인데, 문맥상으로 봐서 장식 등을 사용하여 인간의 감탄을 유도하고자 하는 불순한 의도를 가진 요소를 의미하는 듯하다.

33. 가톨릭 교회의 본산인 성 베드로 성당의 둥근 천장은 브라만테, 페루치Peruzzi, 라파엘, 상갈로Sangallo에 이어 미켈란젤로에게 설계가 위임되었으며 지아코모 델라 포르타Giacomo della Porta가 1590년에 완공하였다. 17세기 전반에 마데르노Carlo Maderno가 정면을 더 길게 확장하면서 내부에 많은 장식을 추가하였고, 1656년부터 베르니니Bernini가 큰 조각상들을 세운 투스카 오더의 주장을 받아들여 중앙대광장을 바로크적으로 변형시켰지만 둥근 천장 부분에서는 여전히 미켈란젤로의 건축 의도가 명백하게 읽힌다.

34. 프랑스 어로 마들렌느는 성서의 막달라 마리아를 지칭한다. 콩코르드 광장을 중심으로 한 센 강 건너편의 부르봉 궁Palais Bourbon(오늘날 국회의사당)과 대칭을 이루고 있다. 당초 성당 건축으로 시작되었으나 나폴레옹 군대의 영광을 상징하는 그리스식 신전으로, 루이 18세 때 다시 성당으로, 1837년에는 철도역 청사로 용도 수정이 검토되다가 1842년 마침내 성당으로 완공되었다. 이 건물은 20m 높이의 코린트식 기둥 52개에 둘러싸인 고대 그리스 페리 스타일 양식으로 창이 없이 세 개의 천창만으로 내부를 조명하고 있다.

35. 프랑스 아카데미에 의해 1663~1968년까지 수여된 상으로 조각, 건축, 판화, 작곡, 회화 등을 공부하는 젊은 예술가들의 응모작 가운데 심사를 통해 수상자가 결정되었다. 수상자는 장학생으로 로마의 프랑스 아카데미에 유학을 갈 수 있었다. 가장 우수한 응모자에게 수여되는 대상은 프랑스 국내뿐만 아니라 외국에서도 큰 영예로 인정되었다. 르 코르뷔지에는 이와 같이 시대에 뒤떨어진, 공인된 예술 경향에 쉼없이 도전하였다.

36. 고대 아테네의 건물들에 사용된 대리석을 채석한 아테네 동북쪽에 있는 산

37. 처마 언저리의 쇠시리 장식의 윤곽(형식). 르 코르뷔지에는 이 용어를 건물의 입체가 드러내는 윤곽이나 외관을 말할 때 사용했다.

38. 도리아식 건축 양식의 주관柱冠을 이루는 아치형

옮긴이의 말

『건축을 향하여』는 1923년에 초판이 출간되었고, 1924년과 1928년 2, 3차 증보판이 발간될 때 '서문'과 '고열 상태'가 각각 책의 서두에 덧붙여졌다. 그리고 1977년 파리 아르토Arthaud 출판사판으로 출간된 책에는 르 코르뷔지에가 스물한 살 때 스승인 샤를르 레플라트니에게 보낸 편지가 말미에 다시 덧붙여졌다. 이 책은 1977년판을 번역한 것이다.

『건축을 향하여』는 『에스프리 누보』에 실린 논평들 가운데서 발췌한 글들을 묶은 책이다. 『에스프리 누보』는 1920년 10월 15일, 샤를르 에두아르 잔느레(Charles-Edouard Jeanneret, 르 코르뷔지에의 본명)가 화가 아메데 오장팡과 시인 폴 데르메와 함께 창간하여 1925년 1월의 28호까지 발행한 잡지로, 당시의 미학자와 예술가, 산업가와 엔지니어들 사이에서 가장 영향력이 크고 폭넓게 읽힌 저술 가운데 하나다. 이 책의 내용 중 잔느레가 혼자 쓴 마지막 단원인 '건축이냐 혁명이냐'를 제외한 글들은 모두 잔느레와 오장팡이 협력하여 집필했을 경우 쓰는 필명인 르 코르뷔지에-소니에Le Corbusier-Saugnier로 발표되었다. 그런데도 이 책의 재판본부터 르 코르뷔지에가 단독 저자가 되는 것을 오장팡이 양해한 것은 이 책이 발간되던 1923년 가을부터 점차 『에스프리 누보』의 편집 주도권이 오장팡에서 르 코르뷔지에로 넘어갔고, 실제적으로도 르 코르뷔지에가 주도적으로 글을 썼기 때문인 듯하다.

이 책은 처음 발행된 후 80년 가까이 지난 현재까지도 여전히 건축인들의 필독서로 인정받고 있는데, 그 까닭은 근대 건축의 최고 거장으로 추앙받는 르 코르뷔지에가 젊은 날에 지녔던 진취적이고 개혁적인 사고를 고스란히 담고 있으면서 오늘날에도 여전히 우리들에게 늘 '깨어 있기'를 요구하기 때문이라고 생각된다.

아돌프 로스의 생각을 이어받아 르 코르뷔지에는 곡물저장 사일로, 교량 같은 구조물들로 표명되는 토목공학의 성취물이 보여 주는 '엔지니어의 미학'과 독일공작연맹의 연감에서 새로운 산업시대의 주요한 기술적 구성원으로 이미 인정받은 바 있는 대형여객선, 비행기, 자동차 같은 기계화된 수송수단에서 새로운 시대의 양식이 이미 존재하고 있음을 확신하면서, 케네스 프램턴Kenneth Frampton이 말한 것처럼, 이 책에서 자신의 후반기 건축 작품이 전개되어 가는 개념의 이중성, 즉 실험적 형태를 통해 기능상의 요구를 만족시키기 위한 절박한 요구와 감각에 영향을 미치고 지성을 풍부하게 할 추상적 요소들을 사용하려는 자극을 명료하게 하고 있다.

르 코르뷔지에는 『에스프리 누보』를 발행하는 동안 많은 공업 생산품 카탈로그와 광고 소책자, 백화점 광고물, 신문과 잡지의 기사들을 수집하여 원고 작성에 활용하였다. 그 결과 『건축을 향하여』에서는 전통적인 책의 기술 방법과 달리 이러한 일상의 이미지들을 모아 이미지—이미지 또는 이미지—텍스트 병치법에 의지하여 논쟁을 이끌어가고 있다. 20세기 초의 많은 전위 예술가들이 그러했던 것처럼 근대적 광고 기법에서 받은 영감을 저술에 적용한 것이다.

현대 건축 역사에서 가장 중요한 책이라고 감히 말할 수 있는 『건축을 향하여』를 번역한다는 것은 분명 개인적으로 의미 있는 일이다. 그러나 르 코르뷔지에의 해박한 인문적 역량과 건축 철학, 당시 유럽 문화에 대한 이해, 문학적 자질을 동시에 지녀야 하는 작업의 규모에 미치지 못한 역자의 능력으로 인해 오역이 있지 않을까 염려스럽다. 번번이 정문正文의 규칙을 넘나들며 얼음처럼 차가운 지성과 천재의 번득이는 감성, 혁명적 예술가의 열정이 넘쳐나는 문장으로 가득 차 있는 르 코르뷔지에가 쓴 불어책들을 소화하여 재생산하기가 쉽지 않음을 새삼 실감한다. 다의적이고 과격한 용어를 빈번하게 사용하고, 문법 및 문맥에서의 파격의 결과인 독특한 화법이 어우러진 선언적 주장을 원서로 읽으면서 느꼈던 설렘을 한껏 되살릴 수 없음이 아쉽다. 하지만 『건축을 향하여』에 꿈틀거리는, 역사 의식에 기초하여 현상에 대해 올바른 진단을 내리고 당연시되던 기존 문화에 과감하게 도전하는 진취적 기상과 새로운 건축을 향한 혜안은 20세기 건축뿐 아니라 새천년을 맞은 오늘날까지도 여전히 음미하고 가슴에 새겨야 할 생명력으로 느껴진다.

난삽한 번역 원고를 잘 정리해 주신 편집부 여러분들께 감사 드리며, 건축 양서의 출판에 큰 의미를 두고 이 책의 번역을 추진하신 도서출판 동녘 이건복 사장님께 경의를 표한다.

2002년 3월
이관석